C++面向对象程序设计与项目实践

赵新慧　主编

清华大学出版社
北京

内容简介

本书根据程序设计课程的基本教学要求，针对面向对象的本质和特性，系统地讲解了面向对象程序设计的基本理论和基本方法，阐述了利用C++语言实现面向对象基本特性的关键技术。本书共10章，具体包括：绪论、C++语言基础、类与对象、继承和派生、多态性和虚函数、运算符重载、异常处理、模板、I/O流、面向对象编程实例。本书理论结合实践，给出了一个完整的面向对象分析与设计实例，以帮助读者掌握面向对象编程。除第1章外，各章都包含上机实训，以便于读者通过实践更好地掌握课程内容，提高编程能力。

本书的读者对象是大学计算机相关专业的教师和学生，同时也可以作为从事计算机相关领域工作的科学技术人员以及编程爱好者的参考书。

图书在版编目（CIP）数据

C++面向对象程序设计与项目实践 / 赵新慧主编.
北京 ：清华大学出版社，2024. 10. -- ISBN 978-7-302
-67403-0

Ⅰ. TP312.8

中国国家版本馆 CIP 数据核字第 2024YV2575 号

责任编辑：孟毅新　孙汉林
封面设计：傅瑞学
责任校对：刘　静
责任印制：丛怀宇

出版发行：清华大学出版社
网　　址：https://www.tup.com.cn，https://www.wqxuetang.com
地　　址：北京清华大学学研大厦A座　　**邮　　编**：100084
社 总 机：010-83470000　　**邮　　购**：010-62786544
投稿与读者服务：010-62776969，c-service@tup.tsinghua.edu.cn
质量反馈：010-62772015，zhiliang@tup.tsinghua.edu.cn
课件下载：https://www.tup.com.cn，010-83470410
印 装 者：定州启航印刷有限公司
经　　销：全国新华书店
开　　本：185mm×260mm　　**印　　张**：15.75　　**字　　数**：363千字
版　　次：2024年10月第1版　　**印　　次**：2024年10月第1次印刷
定　　价：58.00元

产品编号：103929-01

前　言

面向对象程序设计(object-oriented programming,OOP)是当前主流的程序设计技术。与面向过程的程序设计(procedure-oriented programming)相比,面向对象程序设计更符合人们观察和分析问题的习惯,能够更好地描述现实世界。采用面向对象技术开发的产品具有更易于重用、维护、修改和扩充等优点。

C++语言是当前非常流行的面向对象程序设计语言,各高等院校的计算机专业都开设了 C++语言课程。作为面向对象程序设计的入门课程,有些学校甚至把 C++语言课程作为非计算机专业的公共课。但不可否认的是,C++语言语法复杂,想要轻松学习并熟练掌握 C++语言的精髓绝非易事。

编者多年来一直从事一线教学工作,有着多年讲授 C++语言的经验,知道学生学习 C++语言的主要问题是什么,哪些问题对他们来说是难以理解的,哪些问题是相对比较容易的。编者一直尝试站在学生的角度看 C++语言到底是什么,如何以学生的思维理解语法知识点。这也是编者编写本书的出发点。本书力求做到深入浅出,通过大量的示例把复杂的概念用浅显的语言介绍给学生。

本书的重点是介绍面向对象程序设计方法,以 C++语言作为描述语言,可以作为学习 C++语言的教材。本书包含面向对象程序设计方法的内容,全书按照由浅入深的顺序讲述,共分 10 章。第 1 章主要介绍面向过程程序设计和面向对象程序设计两种程序设计方法的各自特点和它们的区别;重点介绍面向对象程序设计的基本概念、原理和方法。第 2 章主要介绍如何从 C 语言快速过渡到 C++语言,C++语言在 C 语言基础上增添的非面向对象方面的特性,如函数重载、引用和命名空间等。第 3 章主要介绍类与对象,包括类的定义和使用、构造函数、析构函数、this 指针、const 特性、静态成员、友元和类设计的注意事项等。第 4 章主要介绍继承的基本知识,包括继承与派生、基类与派生类的概念、函数重写、派生类的构造函数和析构函数、继承与组合等。第 5 章主要介绍面向对象程序设计中的多态性及其实现技术,包括静态绑定、动态绑定和多态性的概念、虚函数的引入和作用,以及如何实现多态性等内容。第 6 章主要介绍运算符重载,并给出几个典型运算符的重载方法。第 7 章主要介绍 C++异常处理的语言机制，包括异常的结构、捕捉和处理，以及自定义异常类。第 8 章主要介绍模板技术，包括函数模板、类模板和 STL 模板库。第 9 章主要介绍 C++中各种 I/O 流的使用。第 10 章首先介绍了面向对象分析与设计的过程，然后理论结合实践给出了一个完整的面向对象分析与设计实例，以帮助学生掌握面向对象编程。

本书具有如下特色。

(1) 本书内容由浅入深、通俗易懂，通过第 2 章引导学生快速地由 C 语言过渡到 C++语言，适合有一定 C 语言编程基础的学生。

(2) 注重对学生面向对象程序设计思想和方法的培养，逐步培养学生掌握正确的面向对象设计思想和方法。

(3) 注重对学生实践能力的培养，全书除第 1 和第 10 章，每章均配有上机实训，通过各章的上机实训，以及第 10 章完整的面向对象分析与设计实例，理论联系实践，培养学生的编程能力。

(4) 全面采用 C++ 11 新标准，结合算法与数据结构，通过简明、完整、符合 C++标准的案例，讲解 C++面向对象特性和使用方法。

本书中的所有例题均在 Dev C++ 5.11 开发环境下调试完成。为便于学生学习，每章开始均配有教学提示，介绍本章中应该掌握的重点内容。全书主要由辽宁石油化工大学的赵新慧编写，李文超、杨妮妮、王宏亮和王福威等人也参与了部分章节的编写工作。为了便于学生学习和教师教学，本书配有全部例题的程序代码和配套的电子课件。

由于编者水平有限，不妥之处在所难免，欢迎读者批评指正。

编　者

2024 年 8 月

目 录

第1章　绪　　论

教学提示

本章主要介绍面向过程程序设计和面向对象程序设计两种程序设计方法的特点和差异；重点介绍面向对象程序设计的基本概念、原理和方法。其中，类、对象、消息、继承和多态是面向对象程序设计的核心概念。正确理解这些概念，了解面向对象程序的构造原理，对后续章节的学习是非常重要的。

程序设计是针对特定问题规划并编写程序的过程，是软件构造活动中的重要组成部分。在计算机技术发展的早期，由于机器资源比较昂贵，程序的时间和空间代价往往是程序设计者关心的主要因素。这个时期的程序员追求编程的技巧，将注意力集中在问题求解本身，无暇关注求解的过程，更谈不上考虑程序结构的合理性和可指导性。随着硬件技术的飞速发展和软件规模的日益庞大，程序的结构、可维护性、复用性、可扩展性等因素日益重要。然而，早期的软件开发过度依赖于程序员的个人经验，缺乏科学理论和方法作为指导，在大型软件的开发过程中出现了复杂程度高、研制周期长和正确性难以保证三大难题。遇到的问题找不到解决办法，致使问题堆积起来，形成了人们难以控制的局面。20 世纪 60 年代末最终出现了所谓的“软件危机”。

为了化解这一危机，一方面，需要对程序设计方法、程序的正确性和软件的可靠性等问题进行系统的研究；另一方面，也需要对软件的编制、测试、维护和管理的方法进行研究，从而产生了程序设计方法学。在这些程序设计方法中，最值得关注的包括面向过程的结构化程序设计方法和面向对象的程序设计方法。

1.1　面向过程的结构化程序设计

面向过程的结构化程序设计(structured programing，SP)思想最早由 E. W. Dijikstra 在 1965 年提出，是软件发展的一个重要的里程碑。它的主要观点是采用自顶向下、逐步求精的程序设计方法。任何程序都可由顺序、选择、循环三种基本控制结构构造；以模块化设计为中心，将待开发的软件系统划分为若干个相互独立的模块，这样使每一个模块的设计工作变得单纯而明确，为设计一些较大的软件打下了良好的基础。各模块按要求单独编程，再将各模块连接，组合构成相应的软件系统。该方法强调程序的结构性，所以容易做到易读、易懂。结构化程序设计方法思路清晰，做法规范，深受设计者青睐，成为 20 世纪七八十年代软件开发的潮流。

结构化程序设计的主要特点是采取“自顶向下、逐步细化、模块化设计、结构化编码”的指导思想，将软件的复杂度控制在一定范围内，因此从整体上降低了软件开发的复杂度。按照这种原则和方法可设计出结构清晰、容易理解、容易修改、容易验证的程序。结构化程序设计的目标在于使程序具有一个合理的结构，以保证和验证程序的正确性，从而开发出正确、合理的程序。

1. 自顶向下分析问题的方法

自顶向下分析问题的方法，就是把大的复杂的问题分解成若干小问题后，再逐个解决这些小问题的策略。面对一个复杂的问题，首先进行上层(整体)的分析，按组织或者功能将问题分解成子问题，如果子问题仍然十分复杂，再做进一步分解，直到处理对象相对简单，容易解决为止。当所有子问题都得到了解决，整个问题也就解决了。在这个过程中，每一次分解都对上一层问题进行细化和逐步求精，最终通过一种类似于树形的层次结构描述分析的结果。按照自顶向下的方法分析问题，有助于后续的模块化设计和测试，以及系统的集成。

2. 模块化设计

经过问题分析，在设计好层次结构图后就进入模块化设计阶段了。在这个阶段，需要将模块细分，组织成良好的层次系统，顶层模块调用其下层模块以实现程序的完整功能，每个下层模块再调用更下层的模块，从而完成程序的一个子功能，最下层的模块完成最基础的功能。

模块化设计要遵循独立性的原则，即模块之间的联系应该尽量简单，主要体现在以下四个方面。

(1) 一个模块只完成一个指定的功能。

(2) 模块之间只通过参数进行调用。

(3) 一个模块只有一个入口和一个出口。

(4) 模块内慎用全局变量。

模块化设计使程序结构清晰，易于设计和理解。当程序出错的时候，只需要改动出错的模块及与之直接关联的模块。模块化设计有利于大型软件的开发，程序员们可以分工编写不同的模块。

在C语言中，模块一般通过函数来实现，一个模块对应一个函数。在设计某一个具体的模块时，模块中的语句一般不要超过50行，这既便于编程者思考和设计，也利于程序的阅读。

3. 结构化编码

经模块化设计后，每一个模块都可以独立编码。编程时应该选用顺序、选择和循环三种控制结构，对于复杂问题可以通过这三种结构的组合、嵌套实现，以清晰表达程序的逻辑结构。

1.2 面向对象的程序设计方法

1.2.1 面向对象的程序设计方法的产生

早期的计算机主要应用于科学计算，但随着计算机硬件的不断发展，计算机的性能越来越强，应用的领域也越来越广泛，不再局限于科学计算。随之而来的是软件规模越来越大，程序越来越复杂和庞大。面向过程的程序设计方法逐渐暴露出它的不足和缺陷。

1. 结构化程序在规模变大时难以理解和维护

在结构化的程序中，函数与其所操作的数据（全局变量）之间的关系没有清晰和直观地体现出来。随着程序规模的增加，程序逐渐难以理解，很难立刻看出函数之间存在怎样的调用关系，某项数据到底有哪些函数可以对它进行操作，某个函数到底是用来操作哪些数据的。

图 1-1 所示为结构化程序的模式，箭头代表“访问”或“调用”，主函数 main()与变量(var1、var2、var3)、其他函数[Sub1()、Sub2()、Sub3()、Sub1_1()等]之间的访问或调用关系呈现为复杂的网状结构。在此情况下，当传递的值不正确时，很难找出到底是哪个函数导致的，因而程序的查错也变得困难。

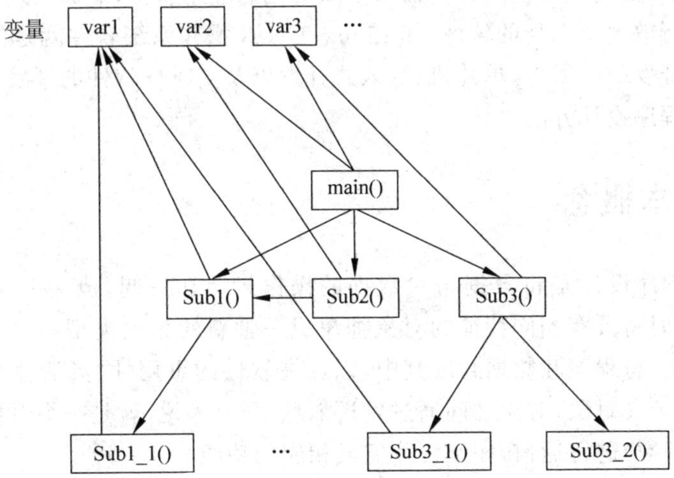

图 1-1 结构化程序的模式

2. 结构化的程序不利于修改和扩充（增加新功能）

结构化程序设计没有“数据封装”和“隐藏”的概念，当要访问某个全局变量时可以直接访问，当该全局变量的定义有改动时，就要把所有访问该变量的语句找出来修改，然而这些语句可能分散在上百个函数之中，因此十分费时费力。

3. 结构化程序不利于代码的重用

在编写某个程序时,常常会发现其需要的某项功能在现有的某个程序中已经有了相同或类似的实现,程序设计者自然希望能够将那部分源代码抽取出来,在新程序中使用,这种做法称为代码的重用。但是,在结构化的程序设计中,随着程序规模的增大,大量函数、变量之间的关系错综复杂,要抽取可重用的代码往往变得十分困难。

例如,要重用一个函数,可是这个函数又调用了新程序所不需要的其他函数,因此在重用该函数时,就不得不将其他函数也一并抽取出来;更糟糕的是,所要重用的函数访问了某些全局变量,这样还要将不相干的全局变量也抽取出来,或者修改被重用的函数以取消对全局变量的访问。

在结构化的程序中,各个模块之间耦合度高,有千丝万缕牵扯不清的联系,想要重用某个模块,就像是在杂乱摆放着一大堆设备的计算机桌上拿走笔记本电脑的电源适配器一样,拿起电源适配器,它的连接线却扯出一大堆乱七八糟的音箱、耳机、鼠标、外接光驱等东西。

总之,随着软件系统规模的不断扩大,结构化的程序越来越难以扩充、查错和重用。结构化程序设计越来越难以适应软件开发的需要。因此,面向对象的程序设计方法应运而生。面向对象的程序设计方法由于有封装、继承、多态性的特性,可以设计出低耦合的系统,使系统更加灵活、更加易于维护。当然,事物都有两面性,面向对象的程序设计方法性能比面向过程低,对硬件要求高。面向对象的程序设计方法并不能完全取代面向过程的程序设计方法,面向对象更适合于需求不断变化的应用软件,而面向过程更适合需求稳定且对程序执行效率要求高的软件,如 Linux/UNIX 操作系统软件就是使用 C 语言采用面向过程方法开发的。另外,单片机、嵌入式开发以及实时性软件的开发一般都使用面向过程的结构化程序设计方法。

1.2.2 基本概念

面向对象程序设计是将数据与对数据的操作封装在一起,成为一个不可分割的整体——对象,同时将具有相同特征的对象抽象成一种新的数据类型——类。程序的基本组成单位就是类,将程序和数据封装其中,以提高软件的重用性、灵活性和扩展性。程序在运行时,由类定义对象,对象之间通过发送消息(简单来说,就是一个对象调用另一个对象所属类中的函数)进行通信,相互协作完成相应的功能。

可以从两个方面来认识和理解面向对象的程序设计方法。一方面,面向对象是针对面向过程数据与操作数据的函数分离的缺点,引入了“类”这种数据类型,把数据和操作数据的函数定义在一个类中。一般情况下,只有同一个类中的函数(称为成员函数)才能访问类中定义的数据(称为成员变量)。函数不再是程序的基本单元,取而代之,类是程序的基本单元,不允许在类之外定义变量和函数,这样就取消了全局变量和全局函数,所有的变量和函数都要定义在某个类中。类中成员变量的定义有改动时,波及范围仅限于类的内部的成员函数,而不会扩散到整个程序,这样就极大增强了程序的可维护性。

另一方面，面向对象的程序设计方法的本质是主张参照人们认识一个现实系统的过程，完成分析、设计与实现一个软件系统，用人类在现实生活中常用的思维方法来认识、理解和描述客观事物，强调最终建立的系统能映射问题域，使得系统中的对象（类类型的变量称为对象），以及对象之间的关系能够如实地反映问题域中固有的事物及其关系。

面向过程是一种以过程为中心的编程思想，其原理就是将问题分解成一个一个详细的解决步骤，然后通过函数实现每一个步骤，并依次调用这些函数从而实现解决问题。面向过程所关心的是解决一个问题的步骤。例如，汽车发动、汽车熄火，这是两个不同的操作，对于面向过程而言，关心的是操作本身，因此会使用两个函数完成以上两个操作，然后依次调用即可。

面向对象则是一种以对象为中心的编程思想，就是通过分析问题域，分解出问题域中一个一个的事物，然后通过不同对象之间的组合协作解决问题。建立对象的目的不是完成某个步骤，而是为了描述某个事物在解决整个问题的过程中的行为。

如上面的例子，汽车发动、汽车熄火，对于面向对象而言，关心的是汽车这类对象，两个操作只是这类对象所具备的行为。

1. 对象

对象是用来描述客观事物的一个实体。一个对象具有一组属性和操作，属性是用来描述对象静态特征的数据，代表对象的状态；操作也称为方法，是用来描述对象动态特征的行为，代表对象对外提供的功能。对象由类描述，并通过类实例化生成。

例如，一个时钟对象。

时钟对象的属性：

属性名	属性值
时	10
分	30
秒	30

时钟对象的方法：设置时、设置分、设置秒、显示时间。

2. 类

类是对具有相同属性和方法的对象的抽象，它为属于该类的全部对象提供统一的抽象描述。图 1-2 所示为从时钟对象抽象出的时钟类。图 1-3 所示为时钟类的类图。类是生成对象的模板，对象是类的实例。在面向对象程序设计语言里，类是一种数据类型，对象是这种数据类型的实例。类里的属性一般是私有成员，只能在类内访问，在类外不能访问。类里的方法（表示行为）一般是公有成员，可供类外通过类的对象调用。一个类的不同对象一般具有不同的属性值，如两个时钟对象，一个代表北京时间，另一个代表纽约时间，它们的属性值是不同的，如图 1-4 所示。

说明：图 1-3 和图 1-4 所示的统一建模语言（unified modeling language，UML）类图和对象图都分为三部分，第一部分是类名，对象图里是“对象名：所属类名”，并且带下画

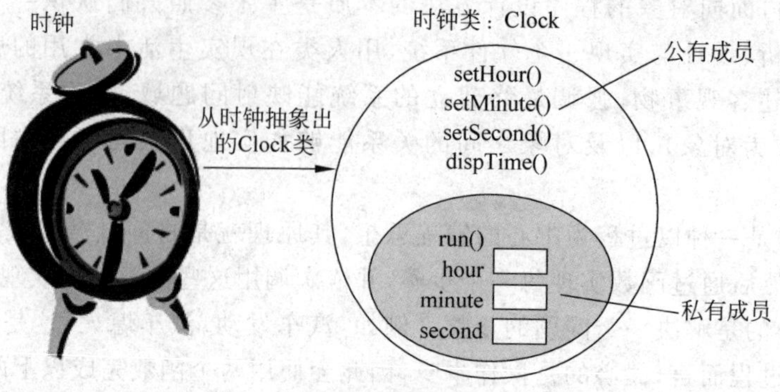

图 1-2　时钟类

线以和类图相区别。第二部分是属性，类图中的格式是：[可见性][属性名：类型]，“-”表示私有成员，“+”表示公有成员；对象图里的格式是：[可见性][属性名：类型]=[属性值]。第三部分是方法，对象图中省略了。

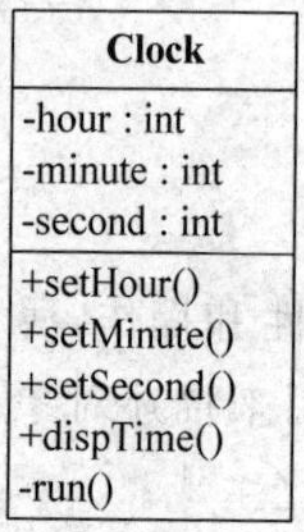

图 1-3　时钟类的类图

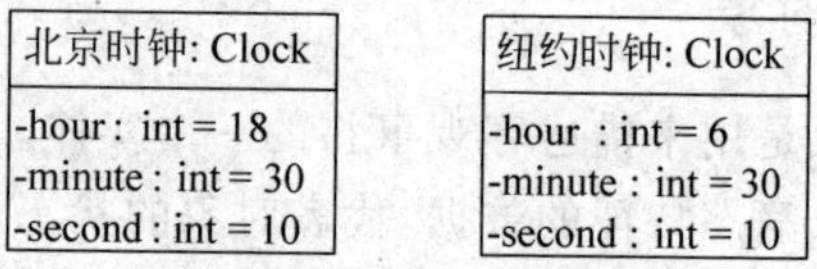

(a) 北京时钟　　(b) 纽约时钟

图 1-4　时钟类的两个对象图

3. 消息

对象之间的联系是通过消息传递完成的。一个消息就是一个对象对另一个对象发出的“请求”或“命令”。接收者收到消息后，调用有关的方法，执行相应的操作。一个消息由三部分组成：接收消息的对象、消息名（接收对象要调用的方法）和方法需要的参数。简单地说，给一个对象发消息，就是调用这个对象的方法。

请求者发送消息，接收者响应消息，这是面向对象程序工作的基本方式，消息是驱动面向对象程序运转的源泉。在面向对象的程序系统中，消息分为两类，即私有消息和公有消息。私有消息是对象发给自身的消息，通常表现为对象的行为在执行过程中，调用了一个自身私有的行为操作，私有消息对外是不公开的；公有消息是外部对象发送给这个对象的消息。

1.2.3　面向对象的基本特征

1. 封装性

封装（encapsulation）就是把类（对象）的属性和行为结合成一个独立的单位，并尽可能隐蔽类(对象)的内部细节。封装有两层含义：一是把类(对象)的全部属性和行为结合在一起，形成一个不可分割的独立单位，对象的属性值(除了公有的属性值)只能由这个对象的行为来读取和修改；二是尽可能隐蔽类(对象)的内部细节，对外形成一道屏障，与外部的联系只能通过外部接口实现。封装的信息隐蔽作用反映了事物的相对独立性，可以只关心它对外所提供的接口，即能做什么，而不用关注其内部细节，即怎么提供这些服务。例如电视机，我们只关心它对外提供哪些功能按钮，而不关心它的内部有哪些部件以及功能是如何实现的。

封装的结果一方面使对象以外的部分不能随意存取对象的内部属性，从而有效地避免了外部错误对它的影响，大大减小了查错和排错的难度；另一方面，当对对象内部进行修改时，由于它只通过少量的外部接口对外提供服务，因此同样减小了内部的修改对外部的影响，如图 1-5 所示。

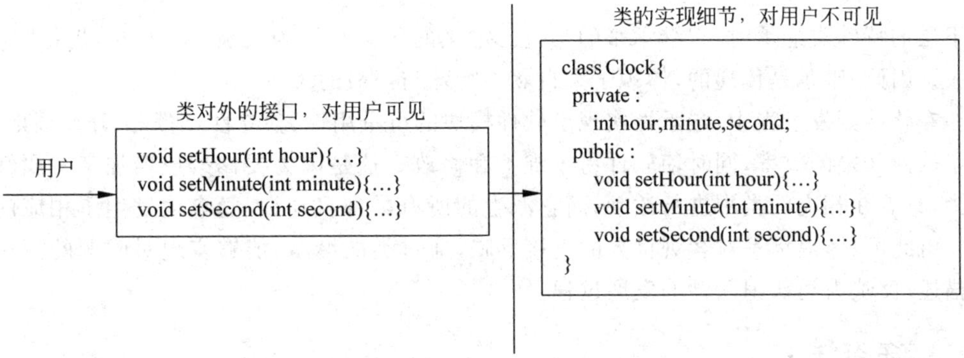

图 1-5 类(对象)的封装性

2. 继承性

继承是针对类之间的相交关系，使得某类可以继承另外一类的特征和功能。被继承的现有类称为父类(基类或超类)，从现有类继承的新类称为子类(或派生类)。由一个父类可以派生出任意多个子类，这样就形成了类的继承体，如图 1-6 所示，“教师”类和“学生”类作为子类继承了父类“人”的不同特征和功能；同样，“教师”类可作为“任课教师”类和“教辅人员”类的父类，“学生”类可作为“本科生”类和“研究生”类的父类。这是现实世界中事物的分类问题在计算机中的解的形式。继承使软件复用变得简单、易行，可以通过继承复用已有的类。继承有以下四个作用。

(1) 清晰地体现类之间的结构层次关系。

(2) 减少代码和数据的冗余度，增强软件的可重用性。

(3) 是代码复用的有力工具，建立和扩展新类的有效手段。

(4) 通过增强一致性来统一一个继承体系下类的对外接口，增加软件的可维护性。

继承允许和鼓励类的重用，提供了一种明确表述共性的方法。一个特殊类既有自己新定义的属性和行为，又有继承下来的属性和行为。尽管继承下来的属性和行为是隐式的，但无论在概念上还是在实际效果上，都是这个类的属性和行为。当这个特殊类又被它

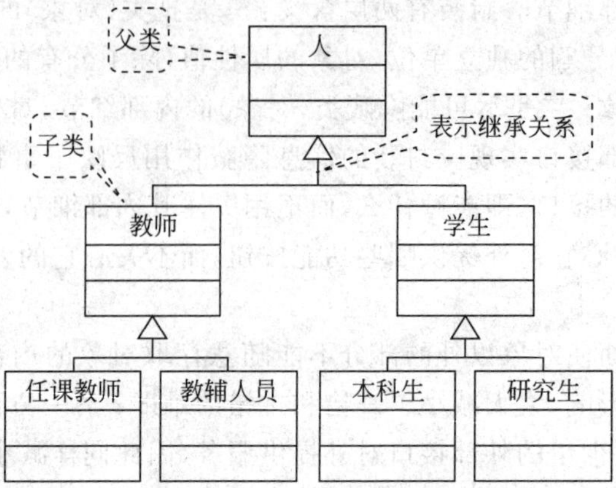

图 1-6　类的继承体系

更下层的特殊类继承时,它继承来的与自己定义的属性和行为又被下一层的特殊类继承下去。因此,继承是传递的,体现了大自然中特殊与一般的关系。

在软件开发过程中,继承性实现了软件模块的可重用性、独立性,缩短了开发周期,提高了软件开发的效率,同时使软件易于维护和修改。这是因为要修改或增加某一属性或行为,只需在相应的类中进行改动,而它派生的所有类都自动地、隐含地发生了相应的改动。由此可见,继承是对客观世界的直接反映,通过类的继承,能够实现对问题的深入抽象描述,反映人类认识问题的发展过程。

3. 多态性

多态分为编译时多态和运行时多态。编译时多态是通过方法重载实现;运行时多态是通过方法覆盖实现(子类覆盖父类方法)。通常说的多态性(polymorphism)是指运行时多态性,是指同一个继承体系中不同类的对象收到相同的消息时产生多种不同的行为方式。例如,在一般类"几何图形类"中定义了一个"绘图"行为,但并不确定执行时到底画一个什么图形。特殊类"圆类"和"三角形类"都继承了几何图形类的"绘图"行为,但其功能却不同,一个是要画出一个圆,另一个是要画出一个三角形。这样在一个绘图的消息发出后,圆类、三角形类等的对象接收到这个消息后各自执行不同的绘图函数,画出不同的图形,这就是多态性的表现。

继承性和多态性的结合,可以生成一系列虽类似但独一无二的对象。由于继承性,这些对象共享许多相似的特征;由于多态性,针对相同的消息,不同对象可以有独特的表现方式,实现个性化的设计。

1.3　C++与面向对象程序设计

C++语言是在 C 语言的基础上发展而来的,是一种混合型程序设计语言,它既可以进行 C 语言的过程化程序设计,又可以进行以继承和多态为特点的面向对象的程序设计。

AT&T 公司 Bell 实验室实验计算机科学研究中心的 B. Stroustrup 于 20 世纪 80 年代初首先设计并实现了 C++语言。C++语言是对 C 语言的扩充，并且借鉴了许多其他著名程序设计语言的精华特征。例如，C++语言从 Simula67 语言中引入了类的构造，从 ALGOL60 语言吸取了引用及在分程序中声明变量的技术，并且综合了 Ada 语言的类属、抽象类和异常处理等方法。

C++语言为类的定义提供了两种方式，其一是对 C 语言中原有的结构体(struct)进行扩充，其二是提供新的类(class)构造。C++语言保持了 C 语言紧凑、灵活、高效和易于移植的优点。它用类的机制实现数据抽象，用虚函数体现面向对象程序设计的动态联编。由于 C++语言兼容了使用广泛的 C 程序设计语言，因此从 C 语言向 C++语言过渡比较平滑，而且大批的 C 程序可以在 C++上得到重用。C++没有对复杂操作系统的依赖性，它可以使用存在于其所处主机系统上的任何一种环境，所以 C++允许人们开发出能和正在运行的任何程序交互的程序。正是由于 C++语言有丰富的应用基础和广泛的开发环境的支持，使得它颇受程序设计工作者的青睐，很快成为面向对象的主流程序设计语言之一。

C++语言自从 1979 年年底 B. Stroustrup 完成预处理程序 Core 到现在，经历了四十多年的发展，其内容和风格在不断地演变。在 B. Stroustrup 于 1983 年采纳 Rick Mascitti 的建议，将其新设计的语言命名为 C++语言之前，这个语言普遍被人们称为“带类的 C”，由此可见 C++语言与 C 语言的密切关系。

1984 年，C++语言引入了借助操作符重载技术实现的 I/O 流技术，这为 C++语言树立了全新的风格。从技术角度讲，这种全新语法的引入弥补了 C 语言中 printf()函数族缺乏类型安全机制和扩展能力的弱点。从代码风格上看，“<<”等通俗易懂的运算符使程序中的输入和输出变得容易编程，而输入/输出的控制正是许多程序设计语言中让编程人员深感头痛的地方。

1998 年 9 月，C++标准化委员会正式发布了 C++的国际标准，正式确认了包括模板、容器类、I/O 流类库、异常处理等典型语言特征的现代 C++风格。该标准通常简称 C++ 98 标准，这个版本的 C++被认为是标准 C++。所有的主流 C++编译器都支持这个版本的 C++，包括微软的 Visual C++和 Borland 公司的 C++ Builder。

2011 年 8 月，C++ 11 标准发布，C++ 11 包含了核心语言的新机能，拓展了 C++标准程序库，并且加入了大部分的 C++ Technical Report 1 程序库(数学上的特殊函数除外)。此次标准为 C++ 98 发布后 13 年来第一次重大修改。

2020 年 12 月，C++ 20 标准发布，在 C++ 20 中，最重要的两个特性是模块(modules)和协程(coroutine)。此外，C++ 20 的新特性还包括范围、概念与约束(concepts and constraints)、指定初始化(designated initializers)、计时、并行算法和对并发编程的一些改进等。

通过 C++语言发展的历史可以看出，C++语言是一种在实践中诞生、成长和发展起来的语言。与 Smalltalk 那样纯粹的面向对象语言不同，软件开发实践对程序开放性、高效率、兼容性和扩展性的需求把 C++语言塑造成一种典型的多模式语言，这也是 C++被称为混合型语言的原因。C++语言对面向对象技术的全面支持，使得 C++语言得到普遍的应用，这也是我们选择它作为学习面向对象程序设计的描述语言的理由。通过学习 C++语言，由学习到创新，期待早日能有国产优秀的编程语言出现。

本章小结

本章分别介绍了面向过程和面向对象的程序设计方法，包括它们的基本原理、基本概念，讨论了面向对象程序设计方法的基本特征，最后介绍了C++面向对象的程序设计语言。虽然本章对上述内容的介绍只是简要的、原则性的，但这些内容提供了一个全局的视图，掌握这些内容对于今后的学习无疑是十分关键的。

思考题

1. 面向对象程序设计的基本原理和基本特征分别是什么？
2. 面向过程的结构化程序设计的主要特点是什么？

第2章 C++语言基础

教学提示

由于我们将使用C++语言作为学习面向对象程序设计的语言，因此必须先来学习有关C++语言的一些基本知识。作为C++语言的子集，所有的C语言技术都可以在C++语言中继续使用。但由于C语言和C++语言分属不同的程序设计范型，所以C语言的很多内容用起来又不太合适。C++语言必须有自己独特的语言机制来支持面向对象程序设计。本章主要介绍C++语言在C语言基础上增添的非面向对象方面的特性，如函数重载、const、引用、输入/输出等。

C语言是C++语言的子集，C++语言包含了C语言的全部内容。一个由C语言编写的程序不经修改，就可以利用C++语言编译器编译，形成可执行代码。然而，C++语言毕竟与C语言不同，C++语言是一种集面向对象和面向过程于一体的语言，支持面向对象的程序设计是C++语言与C语言的最大的区别。另外，C++语言也对C语言进行了扩充，如增加了新的运算符，引入了引用，允许函数重载，允许设置函数默认参数等，这些举措大大提高了编程的灵活性，提高了程序的运行效率。因此，学习C++语言应该首先熟悉这些不同之处。

2.1 C++语言中的注释语句

在程序中，注释语句的作用主要有以下两个方面。

(1) 为了读程序的方便，程序员通常会增加一些说明性的文字。良好的注释能够帮助读者理解程序，为后续阶段的测试和维护提供明确的指导。

(2) 在编写程序过程中，如果对于某(几)条语句不能马上决定是否需要删除，可以暂时将其注释。

注释语句对最终产生的执行代码没有影响，编译器在编译程序时会自动忽略注释语句。

C++语言提供了以下两种类型的语句注释方法。

(1) 块注释：在C++程序中，可以延续C语言的注释方法，即使用"/ * "开始，" * /"结束。这种形式主要用于多行注释，不允许出现注释嵌套。例如，程序开头的功能说明、版权说明等信息。

(2) 行注释：以"//"开始，直到行结尾结束的注释。这种方式多用于单行注释，或在一行的后面添加说明语句。这种单行注释在程序中用得比较多。

下面用一个例子说明 C++语言中两种注释语句的用法。

```
/*这是一个说明 C++语言中注释语句的例子
当前使用的是块注释方式*/
class MyComplex{                            //这是一个复数类
    private:
        double real;                        //实部
        double img;                         //虚部
        //以下省略
};
```

2.2 C++语言中的输入与输出

在 C 语言中，通常会采用格式化输入输出函数——scanf()和 printf()处理输入或输出数据信息。在 C++语言中，C 语言的这一套输入输出库仍能使用，但 C++语言又自定义了一套新的、更容易使用的输入输出(input/output，I/O)库。

在 C++程序中，输入与输出可以看作一连串的数据流，所谓流就是字节序列。输入可视为从文件或键盘中输入程序内存中的一串数据流，而输出则可以视为从内存中输出到显示屏或文件中的一连串数据流。在编写 C++程序时，如果需要实现输入输出，则需要包含头文件#include<iostream>并使用命名空间 std。iostream 头文件中定义了用于输入输出的对象，其中 cin(读作 see-in)用于输入数据，cout(读作 see-out)用于输出数据。如图 2-1 所示，当使用 cout 将字符串“hello”输出至显示器时，需要紧接着使用“<<”插入运算符，当使用 cin 将字符串“hello”输入某个变量时，需要紧接着使用“>>”提取运算符。这两个操作符可以自行分析所处理的数据类型，因此无须像使用 scanf()和 printf()那样设置输入和输出的格式化语句。

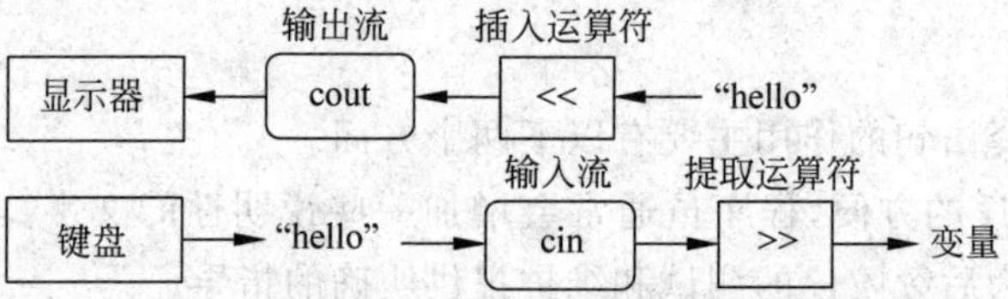

图 2-1 使用 cin 和 cout 进行输入和输出

注意：cout 和 cin 都是 C++的内置对象，不是关键字。C++库定义了大量的类(class)，程序员可以使用它们来创建对象，cout 和 cin 分别是 ostream 和 istream 类的对象，只不过它们是由标准库的开发者提前创建好的，可以直接拿来使用。这种在 C++中提前创建好的对象称为内置对象。

2.2.1 cin 和提取运算符

对象 cin 用于从标准输入设备(默认为键盘)输入数据到程序变量中。cin 的一般格

式为

```
cin>>变量 1>>...>>变量 n;
```

其中,>>称为提取运算符,表示数据从 cin 流向变量。按照顺序,输入的第一个数据被传递给变量 1,第二个数据被传递给变量 2,最后一个数据被传递给变量 n。例如:

```
cin>> a >> b;
```

其中,变量 a 和变量 b 的类型可以是内置数据类型,如 int、char、float、double 等。

在理解 cin 的功能时,不得不提及标准输入缓冲区。当从键盘输入数据时,需要按一下 Enter 键,才能够将这个数据送入缓冲区中,那么按的 Enter 键会被转换为一个换行符\n,这个换行符\n 也会被存储在 cin 的缓冲区中,并且被当成一个字符来计算。例如,在键盘上按下了 123456 这个字符串,然后按 Enter 键,将这个字符串送入了缓冲区中,那么此时缓冲区中的字节个数是 7,而不是 6。

cin 读取数据也是从缓冲区中获取数据,缓冲区为空时,cin 的提取运算符函数会阻塞,等待数据的到来,一旦缓冲区中有数据,就触发 cin 的提取运算符函数去读取数据。

cin 的使用说明如下。

(1) 当一条 cin 语句同时为多个变量输入数据时,输入数据的个数应当与 cin 语句中变量的个数相同,各输入数据之间用一个或多个空白(包括空格、Enter 符、Tab 制表符)作为间隔符,全部数据输入完成后,按 Enter 键结束。

(2) 在>>后面只能出现变量名,以下语句是错误案例。

```
cin>>"x = ">> x;            //错误,>>后面含有字符串常量"x = "
cin>> 12 >> x;              //错误,>>后面含有常数 12
cin>>'x'>> x;               //错误,>>后面含有字符常量'x'
```

(3) cin 具有自动识别数据类型的能力,提取运算符>>将根据它后面的变量类型从输入缓冲区中为它们提取对应的数据。例如:

```
cin>> x;
```

假设输入数据 2,提取运算符>>将根据其后的 x 的类型决定输入的 2 到底是数字还是字符。若 x 是 char 类型,则 2 就是字符;若 x 是 int 或 float 类型,则 2 就是一个数字。

再如,若输入 34,且 x 是 char 类型,则只有字符 3 被存储到 x 中,4 将继续保存在输入缓冲区中;若 x 是 int 或 float 类型,则 34 就会存储在 x 中。

(4) 数值型数据的输入。在读取数值型数据时,提取运算符>>首先忽略数据前面的所有空白符号,如果遇到正、负号或数字,就开始读入,读入内容包括浮点型数据的小数点,并在遇到空白符或其他非数字字符时停止。例如:

```
int x1;
double x2;
char x3;
cin>> x1 >> x2 >> x3;
```

假如输入 35.5A 并按 Enter 键,x1 是 35;x2 是.5;x3 是'A'

2.2.2 cout 和插入运算符

cout 的作用是将表达式的值输出到标准输出设备(默认为显示器)上。cout 的一般格式为

```
cout <<表达式 1 <<...<<表达式 n;
```

其中,符号“<<”称为插入运算符,表示数据从表达式流向 cout。按照顺序,首先输出的是表达式 1,然后是表达式 2,最后输出的是表达式 n。

cout 的使用说明如下。

(1) 在用 cout 输出时,用户不必通知计算机按何种类型输出,cout 会自动判别输出数据的类型,使输出的数据按相应的类型输出。例如,已定义 int a=4; double b=3.14; char c='a', 则

```
cout << a <<' '<< b <<' '<< c << endl;
```

输出结果为

```
4  3.14  a
```

(2) 不能用一个插入运算符“<<”插入多个输出项。例如,已定义 int a=1,b=2,c=3,分别有以下错误和正确案例:

```
cout << a,b,c;            //错误,不能一次插入多项
cout << a + b + c;        //正确,这是一个表达式,作为一项
```

(3) 输出换行符。在 cout 语句中换行可用转义字符“\n”或 endl(发音为“end-line”或“end-L”)。这两种方法都可以指示 cout 开始新的一行。注意,endl 的最后一个字符是字母 L 的小写形式,不是数字 1。

【例 2-1】 输出换行符。

```
#include <iostream>
using namespace std;
int main(){
    char ch = 'C';
    char str[] = "Hello C++!";
    cout << ch << endl;
    cout << str <<"\n";
    cout <<"C"<< endl;
    cout <<"Hello everyone!\n";
    return 0;
}
```

运行结果如下:

```
C
Hello C++!
C
Hello everyone!
```

2.3　变量和类型

2.3.1　变量定义方法

在 C 语言中，变量的定义必须放在所有的执行语句之前，而 C++则放松了限制，只要求在第一次使用该变量之前进行定义即可。也就是说，程序员可以在任何位置根据需要定义变量。通常要求变量“现使用现定义”。

【例 2-2】 定义变量的示例。

```
#include <iostream>
using namespace std;
int sum = 0;                                    //在函数体外定义变量 sum
int main(){
  int a[5] = {0, 1, 2, 3, 4};
  for(int i = 0; i < 5; i++){                   //在 for 语句中定义变量 i
    sum += a[i];
    int b = 0;                                  //在块中定义的变量 b
    if(a[i] % 2 == 0)
      b++;
  }
  double avg = sum/5;                           //在语句体中定义变量 avg
  cout <<"sum = "<< sum <<", average = "<< avg << endl;
  cout << b << endl;                            //错误,b 超出了生命周期
  cout <<"i = "<< i << endl;                    //错误,i 超出了生命周期
  return 0;
}
```

例 2-2 中，变量 i、b 和 avg 的定义方式在 C 语言中是绝对不被允许的。另外，这里的 i 是属于 for 循环的局部变量，一旦循环结束，i 就会被释放。变量 b 的生命周期也仅局限于其所在的程序块中。

2.3.2　枚举、结构体和共用体

在 C++语言中，可以使用 C 语言中的定义方式来定义枚举、结构体和共用体类型。例如：

```
enum COLOR{red,blue,black,yellow};              //定义一个枚举类型 COLOR
struct TIME{                                    //定义一个结构体类型 TIME
    int hour,minute,second;
};
union SALARY{                                   //定义一个共用体类型 SALARY
    float annual_salary;
    float hourly_wage;
}
```

在学习C语言时，一般会采用如下形式为上述枚举、结构体和共用体类型定义变量：

```
enum COLOR c;                              //定义一个 COLOR 型变量 c
struct TIME t;                             //定义一个 TIME 型变量 t
union SALARY s;                            //定义一个 SALARY 型变量 s
```

与C语言相比，在C++语言中定义变量时变得更加方便。当实例化变量时，不必在一个枚举名、结构体名或共用体名之前再加上类型名，可以采用如下的形式定义变量：

```
COLOR c;                                   //定义一个 COLOR 型变量 c
TIME t;                                    //定义一个 TIME 型变量 t
SALARY s;                                  //定义一个 SALARY 型变量 s
```

此外，C++语言中的结构体还允许出现成员函数，并允许设置访问权限，本部分内容留到第3章再讨论。

2.3.3 const 关键字

在程序运行时不会更改的值可以作为常数存储。但是，有时这种做法并不是很理想。例如，假设以下语句出现在计算贷款数据的银行程序中：

```
amount = balance * 0.068;
```

在这个程序中，出现了以下两个潜在的问题。

(1) 除原始程序员，任何人都不清楚这个0.068是什么。尽管它看起来似乎是一个利率，但在某些情况下，又可以是与贷款支付相关的费用。如果不仔细检查程序的其余部分，很难确定该语句的目的。

(2) 如果在整个程序中还有其他的计算公式也使用了此数字，并且必须定期更改，则会出现第二个问题。假设这个数字是利率，那么如果利率从6.8%变为7.1%该怎么办呢？程序员将不得不搜索全部源代码，以查找每一次出现的该数字。

通过使用命名常量(又称符号常量)可以解决以上两个问题。命名常量内容是只读的，在程序运行时不能更改。在C语言中使用如下方式定义命名常量。

```
#define INTEREST_RATE 0.068
```

在C++语言中使用const关键字来定义命名常量。

```
const double INTEREST_RATE = 0.068;
```

const出现在数据类型名称之前，它看起来就像一个常规的变量定义。关键字const是一个限定符，它告诉编译器将该变量设置为只读，这样可以确保在整个程序执行过程中其值保持不变。如果程序中的任何语句尝试更改其值，则在编译程序时会导致错误。

const与#define的区别：后者实际上是定义了一个用于代替某个常量的符号，在预编译时将把所有常量符号替换成它们所代表的数值，这些常量符号并没有任何类型，编译器也不会为它们分配存储空间；虽然利用 const 定义的常量在编译时通常也不分配存储空间，但将常量保存在符号表中，这使它成为一个编译期间的常量，没有了存储与读内存的操作，使得程序的运行效率较高，并且可以保证对常量进行类型检查。

const 除可以用于定义普通的常量，也可以用于定义常指针。当 const 修饰指针变量时，需要注意以下三点。

(1) 只有一个 const，如果 const 位于 * 左侧，表示指针所指数据是常量，不能通过指针修改该数据；而指针本身是变量，可以指向其他的内存单元。例如：

```
const int * p1 = &a;                //指针所指数据是常量，指针本身是变量
```

(2) 只有一个 const，如果 const 位于 * 右侧，表示指针本身是常量，不能指向其他内存地址；而指针所指的数据可以通过解引用修改。例如：

```
int * const p2 = &a;                //指针所指数据不是常量，指针本身是常量
```

(3) 两个 const，* 左右各一个，表示指针和指针所指数据都不能修改。例如：

```
const int * const p3 = &a;          //指针所指数据是常量，指针本身也是常量
```

2.3.4 bool 类型

C++语言在 C 语言的基础上增加了一种新的数据类型——bool 类型(也称逻辑类型)，bool 类型包含两个常量：true 和 false。在参与逻辑运算时，0 看作 false，非 0 的数可以看作 true。例如：

```
4 && false || 0
```

其值为 false。因为 4 被看作 true，它和 false 进行"与"运算的结果(false)，再与 0(被看作 false)进行"或"运算，值为 false。

在输出时，true 将输出为整型常量 1，false 将输出为整型常量 0。例如：

```
bool flag;
int a = 1, b = 3;
flag = a > b;                       //flag 的值为 false
cout << flag;
```

输出结果为 0。

2.3.5 auto 类型

在早期的 C++语言中，auto 的功能是声明具有自动存储期的局部变量，但因为在声明变量时默认为自动存储期的局部变量，所以 auto 就显得很多余。为此，C++ 11 标准委员会就将 auto 重新定义了，auto 关键字用于类型推导，auto 声明的变量必须被初始化，以

使编译能够从其初始化表达式中推导出其类型。这里可以理解为 auto 并非一种“类型”，而是一个类型声明时的“占位符”，编译器在编译时会将 auto 替代为变量的实际类型，例如：

```
auto a = 1;                     //1 是 int 类型常量,可以自动推导出 a 是 int
int b = 2;
auto c = b;                     //推导出 c 是 int 类型
auto d = 2.0;                   //d 是 double 类型
```

但是，并不建议使用 auto 关键字声明这么简单的变量类型，而应该更清晰地直接写出其类型。auto 关键字更适用于类型冗长复杂、变量使用范围专一的情况，这将使程序更清晰易读。例如，在遍历 STL 模板库(第 8 章会介绍)中的向量 vector 时：

```
std::vector<std::string> vec;
for (auto iter = vec.begin(); iter != vec.end(); ++iter) {...}
```

此处，iter 实际类型为：std::vector<std::string>::iterator，该变量类型冗长，建议使用 auto 自动推导。

2.4 C++语言中的函数

C++语言保留了 C 语言中与函数有关的所有约定，如函数的定义格式、参数的传递方式等。同时，C++语言对于函数也进行了一定的扩充，如允许为函数的形参设定默认值、允许函数重载、引入了 inline 函数等。本节将重点讲述 C++语言在函数的定义和使用方面所进行的扩充。

2.4.1 带有默认参数值的函数

在函数调用时，主调函数和被调函数存在着数据传递关系，即主调函数需要将实参的值传递给形参。如果某个函数在多次被调用的情况下都需要使用某个参数值，此时就可以为该函数设置默认值。例如：

```
int max(int a = 2, int b = 3)
```

这里就为 max 的形参 a 和 b 分别指定了默认值 2 和 3。此时，就可以使用如下形式调用 max 函数：

```
int result = max();            //省略两个实参值,相当于语句 z = max(2, 3);
int result = max(5);           //省略第 2 个实参值,相当于语句 z = max(5, 3);
int result = max(1, 4);        //忽略函数默认参数值
```

当为函数指定默认参数值时，必须按照由右到左的顺序进行指定，不允许存在一个参数指定了默认值，而它右侧的参数没有默认值的情况。例如，函数声明：

```
int f1( int a, int b = 2, int c = 3);    //正确
int f2(int a = 1, int b = 2, int c);     //错误,c 没有默认值,所以不能为 a 和 b 指定默认值
int f3(int a = 1, int b, int c = 3);     //错误,b 没有默认值,所以不能为 a 指定默认值
```

2.4.2　inline 函数

inline 是 C++的关键字,在函数定义中,函数返回类型前加上关键字 inline,即可把函数指定为内联函数,这样可以解决一些频繁调用的函数大量消耗栈空间(栈内存)的问题。关键字 inline 必须与函数定义放在一起才能使函数成为内联函数,仅仅将 inline 放在函数声明前面不起任何作用。

对于普通函数,在调用时需要经历如图 2-2 所示的过程,图中序号说明如下。

① 主调函数执行函数调用语句。

② 系统将主调函数的局部变量和返回地址压入堆栈,并转入函数 max 的入口,传递相应参数。

③ 执行函数 max 中的语句。

④ 从堆栈中弹出主调函数的运行环境,并带回返回值。

⑤ 执行主调函数中剩余语句。

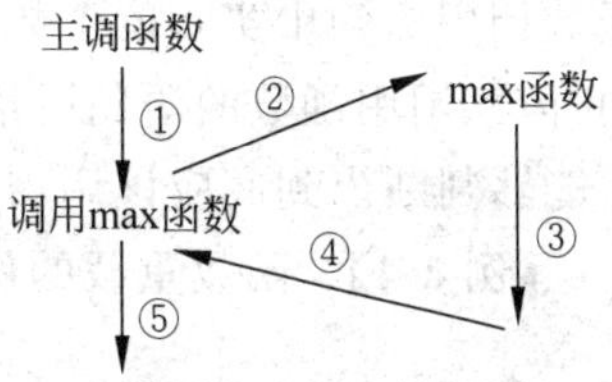

图 2-2　函数调用过程

对于 inline 函数,在编译时,系统将自动把程序代码替换到该函数被调用的地方,而不像普通函数那样需要经历调用过程,因而能够获得更快的执行速度。

【例 2-3】　inline 函数的例子。

```
#include <iostream>
using namespace std;
inline int max( int a, int b){
    return a > b ? a: b;
}
int main(){
    int x = 2, y = 3, z;
    z = max(x, y);                    //z 的值为 3
    cout << z << endl;
    return 0;
}
```

在编译时,系统自动将语句 z=max(x,y)替换为 z=x>y ? x: y;。

inline 函数仅仅是一个对编译器的建议,编译器可以忽略这个建议,所以最终能否真正内联,是由编译器决定的。另外,函数代码的替换虽然免去了函数调用所带来的时间开销,但却增加了执行代码的长度,占用了更多的内存。因此,只有那些不包含循环和 switch 选择结构,不包含数组定义,只有几行且经常被调用的函数才被定义为内联函数。一个比较得当的处理规则是,只有当函数只有 10 行甚至更少时才会被定义为内联函数。

2.4.3 函数重载

函数重载是指在同一作用域内,可以有一组具有相同函数名、不同参数列表的函数,这组函数被称为重载函数。不同参数列表指的是形参的个数不同或对应类型不同。重载函数返回值类型可以相同也可以不同。重载函数通常用来命名一组功能相似的函数,这样做减少了函数名的数量,避免了名字空间的污染,对于程序的可读性有很大的好处。例如,除了需要一个求两个整数的最大值的函数外,还需要一个求三个实数的最大值的函数,这两个函数的功能都是求最大值,那么都命名为 max 即可,不需要一个命名为 maxOfTwoIntegers,另一个命名为 maxOfThreeFloats。

在调用同名函数时,编译器怎么知道到底调用的是哪个函数呢?其实,编译器是根据函数调用语句中实参的个数及类型判断应该调用哪个函数的。因为重载函数的参数表不同,因此调用函数的语句所给出的实参必须和参数表中的形参个数及类型都匹配,编译器才能够判断出到底应该调用哪个函数。

【例 2-4】 函数重载的例子。

```
#include <iostream>
using namespace std;
int max(int a, int b){
    return a > b ? a : b;
}
float max(float a, float b){
    return a > b ? a : b;
}
int max(int a, int b, int c){
    int d = max(a, b);
    return d > c ? d : c;
}
int main(){
    cout << max(3, 5) << endl;          //调用 int max(int a, int b) 函数
    cout << max(8, 5, 6) << endl;       //调用 int max(int a, int b, int c) 函数
    cout << max(3.2f, 5.3f)<< endl;     //调用 float max(float a, float b) 函数
    return 0;
}
```

运行结果如下:

```
5
8
5.3
```

通常,重载函数应该具有相同或相似的功能,不应出现两个同名函数提供完全不同或差异太大的功能,否则在编程过程中很容易产生混淆,不利于程序的编写和阅读。只有在某个函数需要处理不同类型的参数或者不同个数的参数时,才需要进行重载,其他时候没有重载的必要。

2.5　动态内存分配

在程序中通常使用数组存储多个数据。数组在定义时必须以常量的形式给出数组长度，变量不能作为数组长度，而且数组长度在数组定义后不可改变。但是，在实际的编程中，所需的内存空间大小往往取决于实际要处理的数据多少，而实际要处理的数据数量在编程时无法确定。如果总是定义一个尽可能大的数组，又会造成空间浪费。何况，这个“尽可能大”到底应该多大才够呢？

为了解决上述问题，C++提供了一种“动态内存分配”机制，使得程序可以在运行期间，根据实际需要，申请临时分配一片内存空间用于存放数据，不用时可以主动释放还给系统。此种内存分配是在程序运行时进行的，而不是在编译时就确定的，因此称为“动态内存分配”。

C++程序内存空间分为两个部分：一部分是栈区，在函数内部声明的所有变量都将占用栈内存，栈内存由系统自动管理，当函数运行结束时，这些内容会被自动销毁；另一部分是堆区，堆区由程序自己管理，需要时向系统申请，使用后主动释放还给系统。所有动态存储分配都在堆区中进行。

C 语言通过 malloc 和 free 两个函数来完成动态内存分配。例如，要为 50 个整型数据分配存储空间，并利用指针变量 p 保存空间首地址，可写成：

```
int *p;
p = ( int * )malloc(50 * sizeof(int));          //用 malloc 分配存储空间
...                                              //使用动态内存
free(p);                                         //释放上述存储空间
```

除可以利用上述两个函数完成动态内存分配，C++中引入了两个专门的运算符 new 和 delete 以完成同样的工作。

1. new 运算符

new 运算符用于动态申请一块连续的内存空间，new 运算符返回申请到的动态空间的首地址。其基本语法形式有以下两种。

语法形式一：

```
new <数据类型>
```

语法形式二：

```
new <数据类型>[长度]
```

其中，数据类型可以是 C++语言支持的所有数据类型，长度表示本次申请的用于存储该数据类型的数据个数。new 运算符返回一个指向所分配的存储空间的第 1 个单元的指针，如果当前存储器没有足够的内存空间可分配，则返回 NULL，程序员可以根据该指针的值判断分配空间是否成功。

语法形式一用于分配1个单位长度的内存单元；语法形式二用于一个连续的数组区域，当长度为1时，等价于形式一。这里所说的单位长度是指用于容纳1个该类型的数据所占用的存储单元数。例如：

```
int *p1 = new int;             /* 动态分配一个用于存储整型数据的区域,并将首地址返回
                                  给p1,等价于 int *p1 = new int[1]; */
int *p2 = new int(10);         /* 动态分配一个用于存储整型数据的区域,并将该整数的值
                                  初始化为10 */
int *p3 = new int[10];         /* 动态分配一个整型的一维数组(大小为10个整型数据),
                                  并将首地址返回给p3 */
int (*p4)[5]= new int[4][5];   /* 分配一个整型数组能存储一个 4 × 5 的二维数组,并将首
                                  地址返回给p4 */
```

注意：上述例子中在为p2和p3分配所指向区域时，前者用的是圆括号，表示分配一个标量，并将标量的值初始化为10；后者用的是方括号，分配的是一个长度为10个整型存储区域的数组向量；int (*p4)[5]定义一个数组指针，可以指向每行含5个元素的二维数组；利用new分配数组空间时，不能为数组指定初值。

new运算与malloc函数相比，具有以下两个明显的优点。

(1) new运算能够自动计算要分配类型的大小，不需要给出要分配的存储区的大小。这大大降低了由于手误而造成分配错误存储量的概率。

(2) new运算能自动返回正确的指针类型，不需要对返回指针进行强制类型转换。因此，虽然为了与C语言兼容，C++仍保留malloc和free函数，但建议程序员不用malloc和free函数，而用new和delete运算符。

2. delete运算符

对于动态分配的内存，在使用完后一定要及时归还给系统。如果应用程序对有限的内存只取不还，系统很快会因为内存枯竭而崩溃。利用new运算符动态分配的存储空间，可以通过delete运算符进行释放。

delete运算符的基本语法形式有以下两种。

语法形式一：

```
delete 指针变量
```

语法形式二：

```
delete []指针变量
```

语法形式一用于释放由指针变量所指向的单位长度为1的内存空间；语法形式二用于释放一个连续的内存区域，即利用new运算符的第二种语法形式分配的内存空间。例如：

```
delete p1;                 //对应 int *p1 = new int;
delete p2;                 //对应 int *p2 = new int(10);
delete []p3;               //对应 int *p3 = new int[10];
delete []p4;               //对应 int(*p4)[5] = new int[4][5];
```

需要注意p2和p3所指区域的释放方法。

使用 delete 释放内存空间时，应注意以下几点。

(1) 利用 new 运算符分配的内存空间，只许使用一次 delete，如果对同一块空间进行多次释放，将会导致严重错误。

(2) 程序中，每次使用 new 运算符，都应该有一个 delete 与之相对应，否则将会发生内存泄漏。

(3) delete 只能用来释放动态分配的内存空间，不能利用 delete 去释放程序中的变量或数组占用的存储空间。

(4) new 和 delete 是运算符，而 malloc 和 free 为函数调用，因此 new 和 delete 执行效率要更高。

【例 2-5】 动态内存分配与释放的例子。

```
#include <iostream>
using namespace std;
int main(){
    cout <<"请输入动态数组的元素个数"<< endl;
    int n;
    cin >> n;                           //n 在运行时让用户输入
    int * p = new int[n];               //申请 n 个整型数据的内存空间
    for(int i = 0; i < n; i++){
        cin >> p[i];                    //让用户输入 n 个整型数据
    }
    //使用这 n 个整型数据(略)
    delete [ ]p;                        //释放 p 所指向的 n 个整型数据内存空间
    return 0;
}
```

使用 new 和 delete 运算符也可以实现动态二维数组的操作。例如，需要处理一个二维矩阵，该二维矩阵的行数和列数是动态的，取决于用户的输入，这时就需要使用动态二维数组。

【例 2-6】 使用 new 和 delete 运算符实现动态二维数组操作的例子。

```
#include <iostream>
using namespace std;
int main() {
    int n,m;
    cout <<"请输入矩阵的行数和列数: ";
    cin >> n >> m;
    int** p = new int*[n];              //申请 n 个元素空间,每个元素是 int * 类型的指针
    //下面给二维数组的每一行申请空间
    for(int i = 0; i<n ;i++){
        p[i] = new int[m];              //p[i]是 int * 类型的指针
    }
    for(int row = 0; row < n; row++){
        for(int col = 0; col < m; col++){
            p[row][col] = row * col;    //给数组元素赋值
        }
    }
```

```
    for(int row = 0; row<n; row++){
        for(int col = 0; col<m; col++){
            cout << p[row][col]<<" ";
        }
        cout << endl;
    }
    for(int i = 0; i<n ;i++){
        delete []p[i];                //释放二维数组的每一行申请的空间
    }
    delete []p;                       //释放 p 指向的一维数组空间
    return 0;
}
```

运行结果如下：

```
请输入矩阵的行数和列数: 4 5
0 0 0 0 0
0 1 2 3 4
0 2 4 6 8
0 3 6 9 12
```

一个二维数组也可以看作一个一维数组，只不过每个数组元素又是一个一维数组。本例中，n 行 m 列的二维数组可以看作一个有 n 个元素的一维数组，每个数组元素都是一个有 m 个元素的一维数组。当给这个二维数组申请动态存储空间时，先申请一个有 n 个元素(int * 类型)的一维数组空间，由 p 指向，即 int ** p=new int * [n]；然后，使用 for 循环语句依次申请 n 个一维数组空间，每个一维数组都有 m 个元素，用数组 p 的元素 p[i]存储申请到的动态空间首地址，p[i]=new int[m]就是申请一个大小为 m 的一维数组空间，由 p[i]指向，如图 2-3 所示。释放动态存储空间的顺序与申请的顺序恰好相反，先释放后申请的 n 个大小为 m 的一维数组空间，再释放先申请的有 n 个元素的一维数组空间。

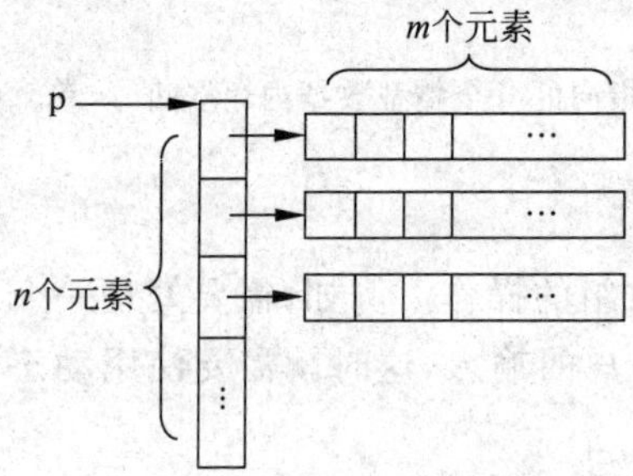

图 2-3　使用 new 生成动态二维数组

2.6　引　　用

2.6.1　引用的概念

所谓引用，就是给变量取个别名。引用的主要用途是为了描述函数的参数和返回值，特别适用于运算符的重载。定义引用的基本格式如下。

基本格式一：

```
类型 &引用名 = 变量名;
```

基本格式二：

```
类型 & 引用名(变量名);
```

当声明一个引用时，必须同时对它进行初始化，使它指向一个已存在的对象。一旦一个引用被初始化后，就不能指向其他对象。例如：

```
int i = 9;                        //定义整型变量 i
int &ir = i;                      //为 i 定义一个别名 ir(即 i 变量和 ir 变量是同一个变量)
```

关于引用有以下四点说明。

(1) 符号"&"在此不是求地址运算，而是起标识作用，就如定义指针的"＊"号一样。

(2) 类型标识符是指目标变量的类型。

(3) 声明引用时，必须同时对其进行初始化。

(4) 引用声明完毕后，相当于目标变量名有两个名称，即该目标原名称和引用名，且不能再把该引用名作为其他变量名的别名。

【例 2-7】 引用的示例。

```
#include <iostream>
using namespace std;
int main(){
    int i = 9;
    int& ir = i;
    cout <<"i = "<< i <<", ir = "<< ir << endl;
    ir = 20;
    cout <<"i = "<< i <<", ir = "<< ir << endl;
    i = 12;
    cout <<"i = "<< i <<", ir ="<< ir << endl;
    cout <<"i 的地址是: "<< &i << endl;
    cout <<"ir 的地址是: "<< &ir << endl;
    return 0;
}
```

运行结果如下：

```
i = 9, ir = 9
i = 20, ir = 20
i = 12, ir = 12
i 的地址是: 0x22fe34
ir 的地址是: 0x22fe34
```

从运行结果可以看出，i 变量和 ir 变量具有相同的地址，即 i 变量和 ir 变量是同一个变量。

2.6.2　引用作为函数的参数

没有必要在同一个函数中使用引用，因为总是可以使用原始变量而不需要使用引用变量。引用的一个重要作用就是作为函数的参数。在C++语言中,函数参数的传递有两种方式:传值和传引用。在函数的形参不是引用的情况下,参数传递方式是传值。传引用的方式要求函数的形参是引用。

传值是指函数的形参是实参的一个副本,在函数执行的过程中,形参的改变不会影响实参。

【例2-8】 函数参数传值的示例。

```
#include <iostream>
using namespace std;
void swap(int a,int b){
    //下面三条语句交换形参变量a和b的值
    int t = a;
    a = b;
    b = t;
}
int main(){
    int a = 2, b = 3;
    cout <<"调用swap函数前: ";
    cout <<"a = "<< a <<",b = "<< b << endl;
    swap(a,b);                          //把a和b作为实参传给swap()函数
    cout <<"调用swap函数后: ";
    cout <<"a = "<< a <<",b = "<< b << endl;
    return 0;
}
```

运行结果如下:

```
调用swap函数前: a = 2,b = 3
调用swap函数后: a = 2,b = 3
```

main()函数中的局部变量a和b是在main()函数的函数栈中分配存储空间的,swap()函数中的形参变量a和b是在swap()函数的函数栈中分配存储空间的。在main()函数中调用swap()函数时,系统给swap()函数分配函数栈,在函数栈中给形参变量a和b分配存储空间,接着把实参变量a和b(main()函数中的)的值复制给形参变量a和b,然后执行swap()函数中的语句,交换形参变量a和b的值,最后swap()函数结束,函数栈销毁,程序返回main()函数中接着执行。因为函数调用时,实参传值给形参是单向的;在函数执行的过程中,形参的改变不会影响实参。所以,main()函数中的局部变量a和b并不受影响。

在C语言中可以把函数的形参定义为指针类型,通过使用指针传地址的方式交换实参的值。其实所谓"传地址"也是传值,只不过传的是变量的地址。swap()函数如下:

```
void swap(int *a, int *b){
    int t = *a;
    *a = *b;
    *b = t;
}
```

在main()函数中调用swap()函数方式如下:

```
swap(&a, &b);
```

在 main 函数中调用 swap()函数时，实参是变量 a 和 b 的地址，实参的值复制给形参后，形参的指针变量 a 和 b 就分别指向 main()函数中的局部变量 a 和 b。所以，在 swap()函数中，* a 和 * b 就是 main()函数中的局部变量 a 和 b，交换了 * a 和 * b 的值，就是交换了 main 函数中的局部变量 a 和 b 的值。

在 C++语言中，有了传引用的概念，交换两个变量的 swap()函数可以按如下编写。

【例 2-9】 函数参数传引用的示例。

```
#include <iostream>
using namespace std;
void swap(int &a,int &b){
    int t = a;
    a = b;
    b = t;
}
int main(){
    int a = 2, b = 3;
    cout <<"调用 swap()函数前: ";
    cout <<"a = "<< a <<",b = "<< b << endl;
    swap(a,b);
    cout <<"调用 swap()函数后: ";
    cout <<"a = "<< a <<",b = "<< b << endl;
    return 0;
}
```

运行结果如下：

```
调用 swap()函数前: a = 2,b = 3
调用 swap()函数后: a = 3,b = 2
```

传递引用与传递指针的效果是一样的。这时，被调函数的形参就作为原来主调函数中的实参变量或对象的一个别名使用，所以在被调函数中对形参变量的操作就是对其相应的目标对象(在主调函数中)的操作。

使用指针作为函数的参数虽然也能达到与使用引用相同的效果，但在被调函数中同样要给形参分配存储单元，且需要重复使用“ * 指针变量名”的形式进行运算，这很容易产生错误且程序的阅读性较差。此外，在主调函数的调用点处，必须用变量的地址作为实参，而引用更容易使用，更清晰。

使用引用传递函数的参数，在内存中并没有产生实参的副本，它是直接对实参操作；而使用一般变量传递函数的参数，当发生函数调用时，需要给形参分配存储单元，形参变量是实参变量的副本；如果传递的是对象，还将调用拷贝构造函数。因此，当参数传递的数据较大时，引用比一般变量传递参数的效率更高，所占的空间也更少。

【例 2-10】 函数参数是大型数据类型时，值传递与引用传递的效率对比。

```
#include <iostream>
using namespace std;
```

```
struct Student{
    char name[20];                          //学生姓名
    char id[11];                            //学号
    char birthday[9];                       //出生日期
    char introduction[1024];                //简历
};
void print(Student s) {
    //省略了对 s 进行输出的语句
}
int main(){
    Student stu;
    cout << sizeof(stu)<< endl;             //计算 stu 的占用内存大小
    //省略了对 stu 进行赋值的语句
    print(stu);
    return 0;
}
```

程序运行结果是 1064,也就是 Student 类型结构体变量的大小是 1064 字节。调用 print()函数时,就需要给形参 s 分配 1064 字节,实参 stu 传值给形参 s 时,也要复制 1064 字节。修改 print()函数,把形参 s 改为引用类型:

```
void print(Student &s) {
    //省略了对 s 进行输出的语句
}
```

此时,调用 print()函数时,只需要给形参 s 分配一个引用变量所占的空间(不大于 8 字节),当实参 stu 传引用给形参 s 时,也只需复制 stu 的地址(不大于 8 字节)给 s。所以,函数参数是大型数据类型时,形参应该定义成引用类型,这样可以减少形参变量占用的空间大小,并且降低从实参到形参的复制成本。

如果既要利用引用提高程序的效率,又要使传递给函数的数据在函数中不被改变,就应使用常引用。修改 print()函数,把形参 s 改为常引用类型:

```
void print(const Student &s) {
    //省略了对 s 进行输出的语句
}
```

2.7 新的 for 循环——for range

C++ 11 提供了一种特殊版本的 for 循环,在很多情况下,它可以简化数组的处理,这就是基于范围的 for 循环。当使用基于范围的 for 循环处理数组时,该循环可以自动为数组中的每个元素迭代一次。

范围 for(for range)语句遍历给定序列中的每个元素并对序列中的每个值执行某种操作,其语法形式为

```
for (declaration : expression){
    statement;
}
```

其中,expression 部分是一个对象,其必须是一个序列,如用花括号括起来的初始值列表、数组、vector 或 string 等类型的对象。declaration 部分负责定义一个变量,该变量将被用于访问序列中的基础元素。每次迭代,declaration 部分的变量会被初始化为 expression 部分的下一个元素值。确保类型相容最简单的办法是使用 auto 类型说明符。

【例 2-11】 使用范围 for(for range)语句遍历数组中的元素。

```
#include <iostream>
using namespace std;
int main() {
    int arr[] = {1,2,3,4,5};
    for(int e : arr) {
        cout << e <<" ";
    }
    cout << endl;
    return 0;
}
```

程序执行结果如下:

```
1 2 3 4 5
```

需要说明的是,Dev-C++ 5.11 默认不支持 C++ 11 新特性,编译时会报错:[Error] range-based 'for' loops are not allowed in C++ 98 mode。此时需要在 Dev-C++ 5.11 中设置一下:单击菜单栏中的"工具"→"编译选项",如图 2-4 所示。在弹出的如图 2-5 所示的"编译器选项"对话框中加入"-std=c++ 11",并且勾选"编译时加入以下命令"复选框,最后单击"确定"按钮。

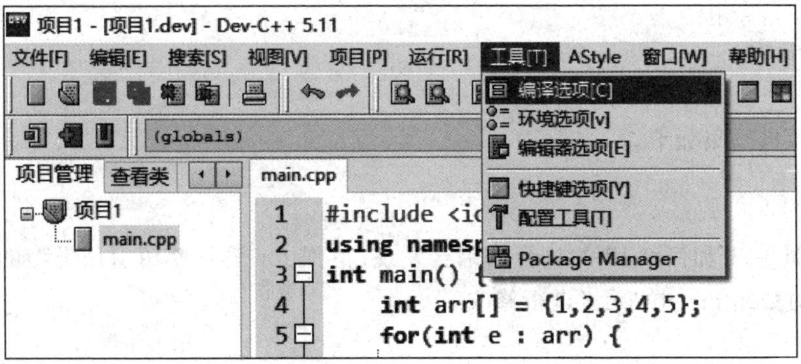

图 2-4　编译选项

在例 2-11 中,遍历时的数组元素是只读的,如果要在遍历的同时修改数组元素的值,需要使用引用类型参数。

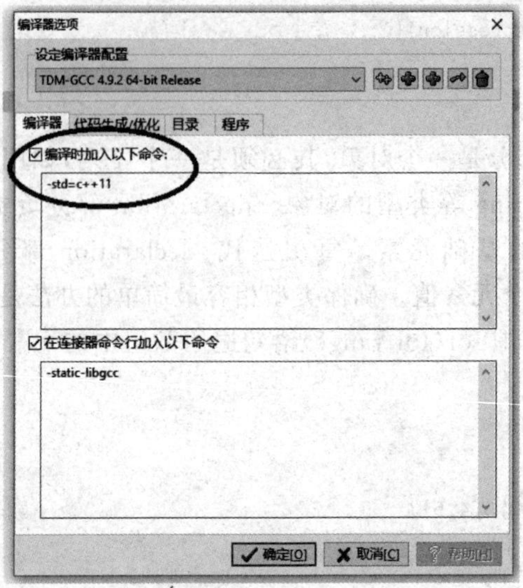

图 2-5 “编译器选项”对话框

【例 2-12】 在遍历的同时修改数组元素的值。

```
#include <iostream>
using namespace std;
int main() {
    int arr[] = {1,2,3,4,5};
    for(int &e : arr) {                  //e 是引用类型
        e += 1;                          //修改数组元素的值
    }
    //遍历输出修改后的数组元素的值
    for(int e : arr) {
        cout << e <<" ";
    }
    cout << endl;
    return 0;
}
```

程序执行结果如下：

```
2 3 4 5 6
```

对比例 2-11 和例 2-12 的执行结果会发现，范围 for 语句使用引用类型的参数，可以在遍历时对数组 arr[]的元素进行修改。

2.8 字符串类 string

在 C 语言中，虽然没有字符串类型，但可以使用字符数组存储字符串，这种字符数组简称 c-string。string 是 C++提供的字符串类，可以被看成以字符为元素的一种容器。可以像 int、double 等基本数据类型那样定义 string 类型的数据，并进行各种运算。要使用 string，需要在程序中使用包含语句 #include < string >。

1. string 类的构造函数

```
string(const char * s);                //用 c-string s 初始化
string(int n,char c);                  //用 n 个字符 c 初始化
```

此外，string 类还支持默认构造函数和复制构造函数，如 string s1、string s2="hello" 都是正确的写法。

2. string 类的字符操作

```
const char& operator[](int n) const;
const char& at(int n) const;
char& operator[](int n);
char &at(int n);
```

operator[]和 at()均返回当前字符串中第 n 个字符的位置，但 at()函数提供范围检查，当越界时会抛出 out_of_range 异常，下标运算符[]不提供检查访问。

3. string 的特性描述

```
int size() const;                      //返回当前字符串的大小
int length() const;                    //返回当前字符串的长度
```

C++中 string 成员函数 length()等同于 size()，功能没有区别。针对 C 中的 strlen()，C++给出相应的函数 length()。string 可以用作 STL 容器，所以按照 STL 容器的惯例给出 size()函数，该函数返回容器中元素的数量。

```
bool empty() const;                //当前字符串是否为空
void resize(int len,char c);       //把字符串当前大小置为 len，并用字符 c 填充不足的部分
```

4. string 类的输入输出操作

string 类重载运算符>>用于输入操作，同样重载运算符<<用于输出操作。

函数 getline(istream &in,string &s)用于从输入流 in 中读取字符串到 s 中，以换行符'\n'分开。

5. string 的赋值

```
string &operator=(const string &s);          //把字符串 s 赋给当前字符串
string &assign(const char * s);              //用 c-string s 赋值
string &assign(const char * s,int n);        //用 c-string s 前 n 个字符赋值
```

6. string 的连接

```
string &operator+=(const string &s); //把字符串 s 连接到当前字符串的结尾
```

```
string &append(const char * s);        //把 c-string s 连接到当前字符串结尾
string &append(const char * s,int n);  //把 c-string s 的前 n 个字符连接到当前字符串结尾
```

7. string 的比较

```
bool operator==(const string &s1,const string &s2)const;      //比较两个字符串是否相等
```

运算符“>”“<”“>=”“<=”“!=”均被重载,用于字符串的比较。

8. string 的子串

```
string substr(int pos = 0,int n = npos) const;   //返回以 pos 开始的 n 个字符组成的字符串
```

9. string 类的查找函数

```
int find(const char * s, int pos = 0) const;   //从 pos 开始查找字符串 s 在当前字符串中的
                                               //位置。查找成功时返回所在位置,失败时返回
                                               //string::npos 的值
int find_first_of(const char * s, int pos = 0) const;
int find_first_of(const char * s, int pos, int n) const;
int find_first_of(const string &s,int pos = 0) const;
```

从 pos 开始查找当前串中第一个在 s 的前 n 个字符所组成数组里的字符位置。查找失败返回 string::npos。

```
int find_first_not_of(char c, int pos = 0) const;
int find_first_not_of(const char * s, int pos = 0) const;
int find_first_not_of(const char * s, int pos,int n) const;
int find_first_not_of(const string &s,int pos = 0) const;
```

从当前串中查找第一个不在字符串 s 中的字符出现的位置,失败返回 string::npos。find_last_of 和 find_last_not_of 与 find_first_of 和 find_first_not_of 相似,只不过是从后向前查找。

10. string 类的替换函数

```
string &replace(int p0, int n0,const char * s); //删除从 p0 开始的 n0 个字符,然后在 p0 处插
                                                //入字符串 s
string &replace(int p0, int n0,const string &s); //删除从 p0 开始的 n0 个字符,然后在 p0 处插
                                                 //入字符串 s
```

11. string 类的插入函数

```
string &insert(int p0, const char * s);
string &insert(int p0, const char * s, int n);
string &insert(int p0,const string &s);
string &insert(int p0,const string &s, int pos, int n);
```

函数在 p0 位置插入字符串 s 中 pos 开始的前 n 个字符。

12. string 类的删除函数

```
iterator erase(iterator first, iterator last); //删除从 first 到 last(不包括 last)之间的所有
                                               //字符,返回删除后迭代器的位置
iterator erase(iterator it);                   //删除 it 指向的字符,返回删除后迭代器的位置
string &erase(int pos = 0, int n = npos);      //删除从 pos 开始的 n 个字符,返回修改后的字符串
```

【例 2-13】 string 应用举例。

```
#include <string>
#include <iostream>
using namespace std;
int main(){
    cout <<" ----- s ----- "<< endl;
    string s = "hehehehe";                     //定义一个 string 并赋初值
    cout << s << endl;
    s.assign("abcd");                          //重新赋值
    cout << s << endl;
    s.assign("fkdhfkdfd",5);                   //重新分配指定字符串前 5 的元素内容
    cout << s << endl;
    cout <<" ----- s1 ----- "<< endl;
    string s1 = "hehe";
    s1 += "gaga";                              //字符串拼接
    cout << s1 << endl;
    s1.append("嘿嘿");                         //append()函数可以添加字符串
    cout << s1 << endl;
    cout <<" ----- s2 ----- "<< endl;
    string s2 = "hehe";
    s2.insert(0,"头部");                       //在头部插入
    s2.insert(s2.size(),"尾部");               //在尾部插入
    s2.insert(s2.size()/2,"中间");             //在中间插入
    cout << s2 << endl;
    cout <<" ----- s3 ----- "<< endl;
    string s3 = "abcdefg";
    cout << s3.length()<< endl;                //输出字符串长度
    s3.replace(2,3,"****");                    //从索引 2 开始 3 个字节的字符全替换成"****"
    cout << s3 << endl;
    cout <<" ----- s4 ----- "<< endl;
    string s4 ;
    if (s4.empty())                            //字符串判断是否为空
        cout <<"s4 为空."<< endl;
    else
        cout <<"s4 不为空."<< endl;
    cout <<" ----- s5 ----- "<< endl;
    string s5 = "abcdefg1234";
    string str1 = s5.substr(5,3);              //从索引 5 开始取 3 个字符的子串
    cout << str1 << endl;
    string::size_type pos;
    pos = s5.find("fg",0);                     //从索引 0 开始,查找符合字符串"fg"的第一个索引
```

```
    if(pos != string::npos)                  //失败返回 string::npos
        cout << pos << endl;
    else
        cout <<"没有找到 fg!"<< endl;
    cout <<"----- s6 -----"<< endl;
    string s6 = "abcdefg1234";
    //可以使用迭代器遍历
    //for(string::iterator iter = s6.begin(); iter != s6.end(); iter++) {
    //    cout << * iter <<" ";
    //}
    //使用 for range 语句遍历更简单
    for(auto e : s6){
        cout << e <<" ";
    }
    cout << endl;
    return 0;
}
```

程序运行结果如下：

```
----- s -----
hehehehe
abcd
fkdhf
----- s1 -----
hehegaga
hehegaga 嘿嘿
----- s2 -----
头部 he 中间 he 尾部
----- s3 -----
7
ab****fg
----- s4 -----
s4 为空
----- s5 -----
fg1
5
----- s6 -----
a b c d e f g 1 2 3 4
```

2.9 命名空间

在 C++编程环境中，系统提供了大量的全局变量、函数和类，为了防止程序员定义出系统已存在的变量名、函数和类，ANSI C++引入了命名空间的机制。通过命名空间，程序员可以将自己定义的名字局限在一个自定义的名字空间中，就不会与系统和其他程序员定义的名字冲突。命名空间界定了各类标识符的可见范围，它的引入有助于多人合作开发大的工程项目。

2.9.1　命名空间的定义

命名空间的定义格式为

```
namespace <命名空间名称>{
    < 命名空间成员列表>
}
```

其中，namespace 是定义命名空间的关键字；<命名空间名称>是程序员指定的名字空间的名字，应该遵守 C++ 中标识符的命名规则；<命名空间成员列表>是命名空间中包括的成员，可以是变量定义、函数声明、函数定义、结构声明以及类的声明等。

【例 2-14】 命名空间的示例。

```
namespace MySpace{
    int count;
    struct Complex{
        double x,y;
    };
    Complex add(Complex a, Complex b){
        Complex c;
        c.x = a.x+b.x;
        c.y = a.y+b.y;
        return c;
    }
    inline void print(Complex c);
}
void MySpace::print(Complex c){
    cout << c.x <<" + "<< c.y <<"i"<< endl;
}
```

在例 2-14 中定义的命名空间 MySpace 中有 4 个成员：整型变量 count、结构体类型 Complex、函数 add()和内联函数 print()。

2.9.2　命名空间的使用

1. 命名空间成员的访问

命名空间成员的作用域局限于命名空间内部。如果希望在命名空间外部访问，必须在成员前加上作用域限定符"::"，语法格式如下：

```
<命名空间名称>::<成员名称>
```

为引用例 2-14 中定义的 MySpace 命名空间中的成员，可以使用如下形式：

```
MySpace::Complex a, b, c;          //用 MySpace 空间中的 Complex 定义三个变量
```

```
MySpace::count = 100;            //访问 MySpace 空间中的 count 变量
a.x = 3; a.y = 2;
b.x = 5; b.y = 4;
c = MySpace::add( a, b);         //访问 MySpace 空间中的 add 函数
MySpace::print(c);               //访问 MySpace 空间中的 print 内联函数
```

2. using 声明

如果在命名空间外部需要引用命名空间中的单个成员，要用命名空间名和作用域分辨符对命名空间成员进行限定，以区别不同的命名空间中的同名标识符，语法格式如下：

```
Using <命名空间名称>::<成员名称>
```

例如：

```
using MySpace::count;            //①
count = 0;                       //②
count++;                         //③
cout << count << endl;           //④
//int count;                     //⑤
```

其中，语句①只是用于声明对 MySpace 空间中的 count 成员的引用，不能在声明的同时对 count 进行初始化。语句②～④在声明语句之后出现的 count 都是 MySpace 空间中的 count 变量，如果像语句⑤那样企图再定义一个本地的 count，将会出现变量重定义错误。

3. using 编译指令

如果希望引用某个命名空间的所有成员或者大部分成员，使用 using 声明就会很不方便。此时，可以使用 using 编译指令简化对成员引用的声明，语法格式如下：

```
using namespace <命名空间名称>
```

例如，访问 MySpace 空间中的全部成员。

```
using namespace MySpace;
Complex a, b,c;                  //用 MySpace 空间中的 Complex 定义三个变量
count = 100;                     //访问 MySpace 空间中的 count 变量
a.x = 3; a.y = 2;
b.x = 5; b.y = 4;
c = add(a, b);                   //访问 MySpace 空间中的 add()函数
print(c);                        //访问 MySpace 空间中的 print()内联函数
int count = 20;                  //代码①: 定义局部变量 count
cout << count << endl;           //代码②: 输出局部变量 count
```

通常，由于 using 声明只导入指定的名称，如果该名称与局部名称发生冲突，编译器会报错，因此使用 using 声明会更安全。using 编译指令导入整个命名空间中的所有成员的名称，包括那些可能根本用不到的名称，如果其中有名称与局部名称发生冲突，则编译器并不会发出任何警告信息，而只是用局部名去自动覆盖命名空间中的同名成员。例如，

在上述代码中，代码①定义的局部变量 count 将覆盖 MySpace 空间中的同名变量，因此代码②访问的 count 为局部变量。

一般情况下，对偶尔使用的命名空间成员，应该使用命名空间的作用域解析运算符来直接给名称定位。而对一个大命名空间中的经常要使用的少数几个成员，提倡使用 using 声明，而不应该使用 using 编译指令。只有需要反复使用同一个命名空间的多数成员时，才需要使用 using 编译指令。

2.9.3　标准命名空间 std

C++标准化过程形成了两个版本：一个是以 Bjarne Stroustrup 最初设计的 C++为基础的版本，称为传统 C++；另一个是晚期（约 1989 年）以 ANSI/ISO 标准化委员会创建的 C++，称为标准 C++。两种版本的 C++有大量相同的库和函数。为了将两者区分，传统 C++采用与 C 语言同样风格的头文件；标准 C++的新式头文件没有.h 之类的扩展名。例如，传统 C++的头文件有 iostream.h、fstream.h、string.h，而标准 C++对应的头文件是 iostream、fstream、string。标准 C++把原来 C 标准库的头文件也重新命名，也采用同样的方法，但在每个名字前还要添加一个字母 c，所以 C 语言的<string.h>变成了<cstring>，<stdio.h>变成了<cstdio>。

传统 C++中的内容被直接放到了全局名字空间中，标准 C++将新式头文件中的内容全部放到了 std 命名空间中。现在推荐使用标准 C++。使用标准 C++时，需要使用 std 命名空间。

【例 2-15】 命名空间 std 的示例。

```
#include <iostream>
#include <cstdio>                          //等同于#include <stdio.h>
#include <cmath>                           //等同于#include <math.h>
#include <string>
using namespace std;
int main(){
    string s1 = "ddd",s2;                  //string 是 C++字符串类,定义于<string>头文件中
    s2 = s1;                               //字符串赋值,不需要 strcpy 函数
    int i;
    int s = sin(30);                       //调用<cmath>头文件中的 sin()函数
    scanf("%d",&i);                        //scanf()、printf()来源于<cstdio>头文件
    printf("i = %d\n",i);
    cin >> i;                              //cin、cout 来源于<iostream>头文件
    cout <<"i = "<< i << endl;
    cout << s2 << endl;
    return 0;
}
```

如果不用 using namespace std 语句，那么，在使用标准库中的成员时，就要时刻带上名字空间的全名。例如，使用标准库中的 cout 对象和 endl 对象时，前面应带上“std::”，如下面代码所示。

```
std::cout << "hello" << std::endl;
```

本章小结

本章介绍了 C++语言对 C 语言的主要改进，包括 C++语言中，对变量的定义更加灵活，可以根据程序的需要随时定义；引入 const 关键字来定义符号常量；增加了引用数据类型，使用引用作为函数参数；允许函数重载，允许为函数形参设置默认参数值；增加了新的运算符 new、delete 进行动态存储管理；命名空间使得多人合作开发项目时不必担心函数名、全局变量名和类名等标识符重名。

上机实训

【实训目的】 掌握一个具体的 C++语言开发环境，掌握在该环境下进行程序设计的步骤和过程，为进一步学习面向对象程序设计打下基础。

【实训内容】 熟悉 Dev-C++开发环境和在该环境下进行 C++程序设计的步骤和过程，包括创建控制台程序，使用窗口及输入等内容。

1. Dev-C++开发环境的安装

Dev-C++是一款免费开源的 C/C++ IDE，内嵌 GCC 编译器(GCC 编译器的 Windows 移植版)，是 NOI、NOIP 等比赛的指定工具。Dev-C++的优点是体积小(只有几十兆)、安装卸载方便、学习成本低，可以 Dev-C++ 5.11 简体中文版官方下载地址获取。

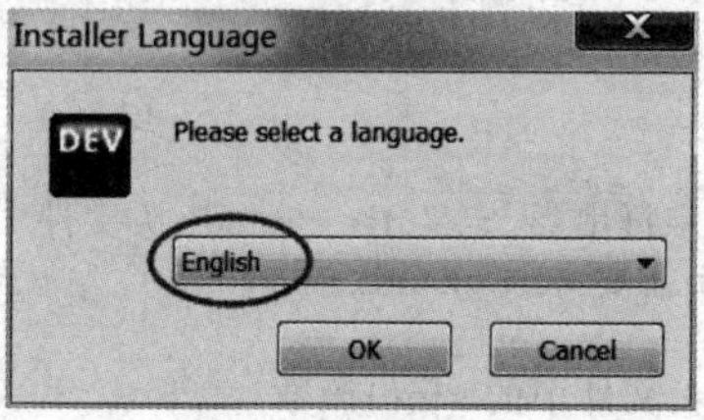

图 2-6　选择 English

1) 安装 Dev-C++

Dev-C++下载完成后会得到一个安装包(.exe 程序)，双击该文件即可开始安装。Dev-C++支持多国语言，包括简体中文，但要等到安装完成以后才能设置。在安装过程中不能使用简体中文，所以这里选择“English”(英文)，如图 2-6 所示。

然后，同意 Dev-C++的各项条款，选择默认选项安装就可以了。在选择安装目录时，可以将 Dev-C++安装在任意位置，但路径中不要包含中文。

2) 配置 Dev-C++

首次使用 Dev-C++还需要进行简单的配置，包括设置语言、字体和主题风格。第一次启动 Dev-C++后，提示选择语言，这里选择“简体中文”，如图 2-7 所示。字体和主题风格保持默认即可。安装成功后，Dev-C++会在 Windows 桌面建立一个快捷方式，双击快捷方式图标，就可以打开 Dev-C++了。

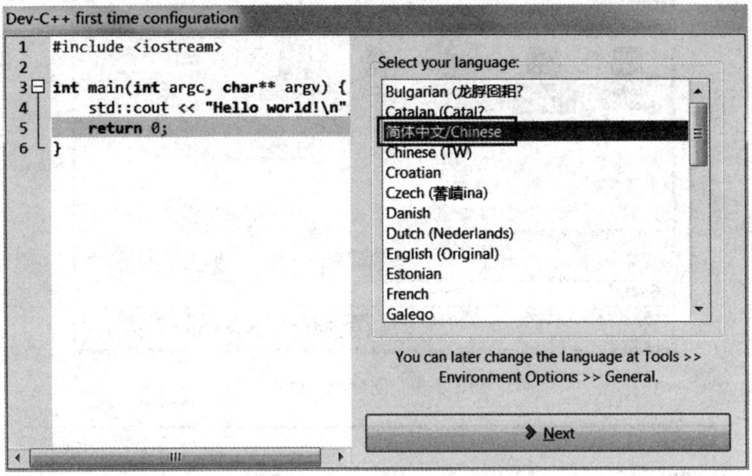

图 2-7　选择“简体中文”

2. Dev-C++开发环境的使用

打开 Dev-C++，在菜单中选择“文件”→“新建”→“项目”，如图 2-8 所示。在弹出的“新项目”对话框中选择 Console Application（控制台应用），选中“C++项目”单选按钮，输入项目名，如图 2-9 所示。

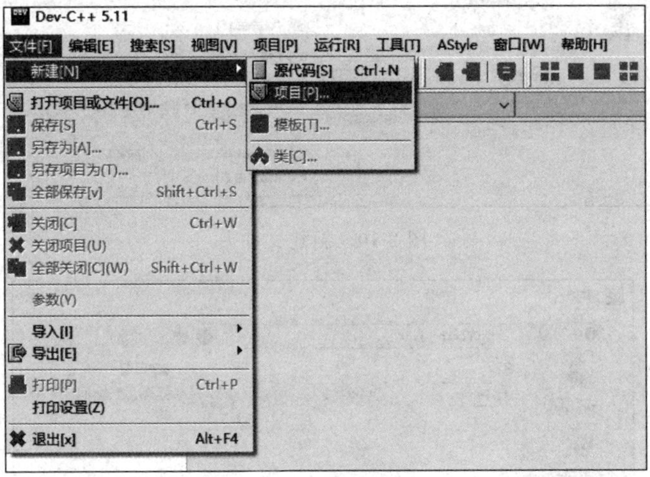

图 2-8　新建项目

单击“确定”按钮，在弹出的“另存为”对话框中选择一个本地文件夹，建议提前新建一个文件夹用于保存自己的所有的 C++项目，如在 D 盘新建一个 MyCPlusProject 文件夹。

另外，因为 Dev-C++不会为 C++项目建立项目文件夹，所以需要去建立项目文件夹。在“保存在”下拉列表中选择 D 盘中的 MyCPlusProject 文件夹，然后在该对话框的空白区右击，在弹出的快捷菜单中选择“新建”→“文件夹”，如图 2-10 所示，输入一个文件夹的名字，如 Temp，如图 2-11 所示。

图 2-9　创建新项目

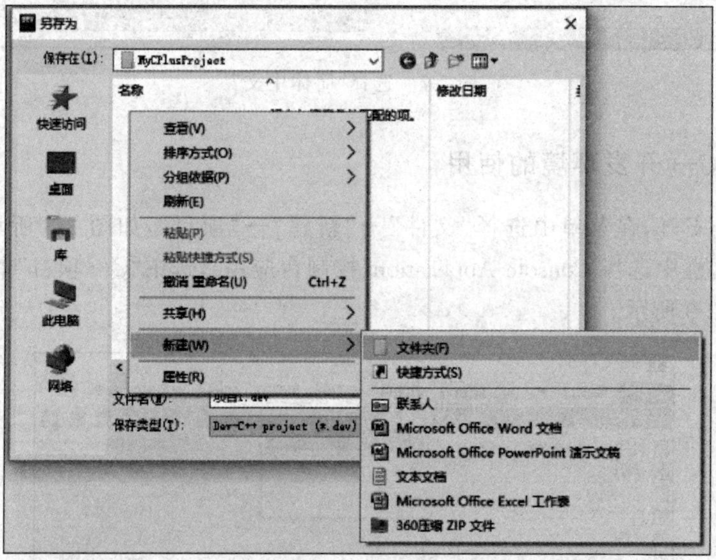

图 2-10　新建文件夹

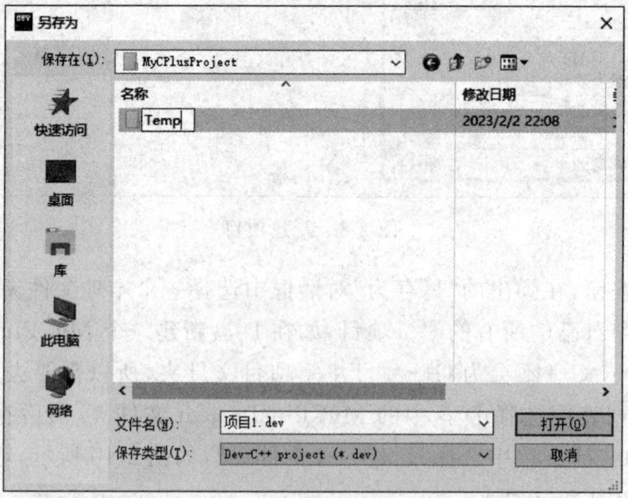

图 2-11　文件夹命名

然后，双击 Temp 文件夹，进入此文件夹。单击“另存为”对话框中的“保存”按钮，如图 2-12 所示。这样就把项目文件“项目 1. dev”保存到新建的 Temp 文件夹中。这时，会打开“项目”窗口，在 main. cpp 文件中编辑程序，如图 2-13 所示。

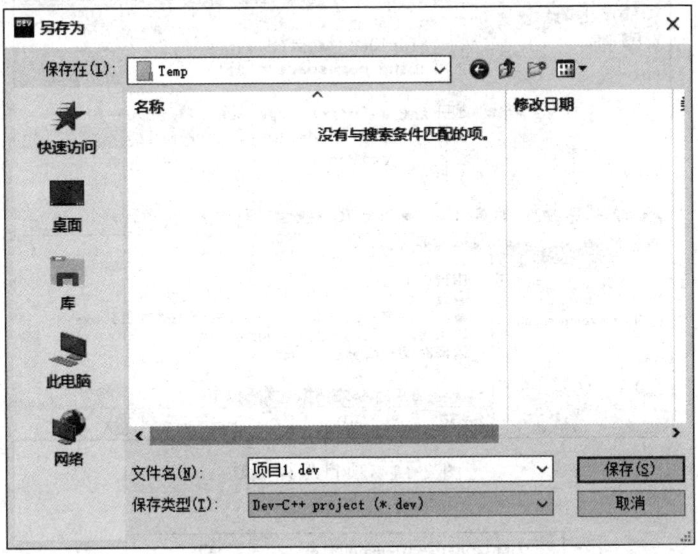

图 2-12　保存文件到文件夹

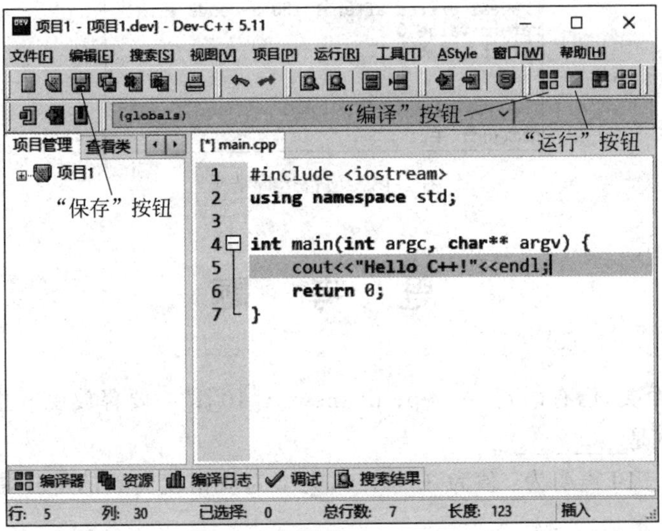

图 2-13　编辑程序

单击图 2-13 工具栏中的“保存”按钮，在弹出的“保存”对话框中单击“保存”按钮，就会把 main. cpp 文件保存到项目文件夹 Temp 中。单击图 2-13 工具栏中的“编译”按钮，开始编译程序，编译成功后，如图 2-14 所示。然后，单击图 2-13 工具栏中的“运行”按钮，会弹出“运行”窗口，如图 2-15 所示。至此，完成了“Hello C++”程序的编辑、编译、运行。

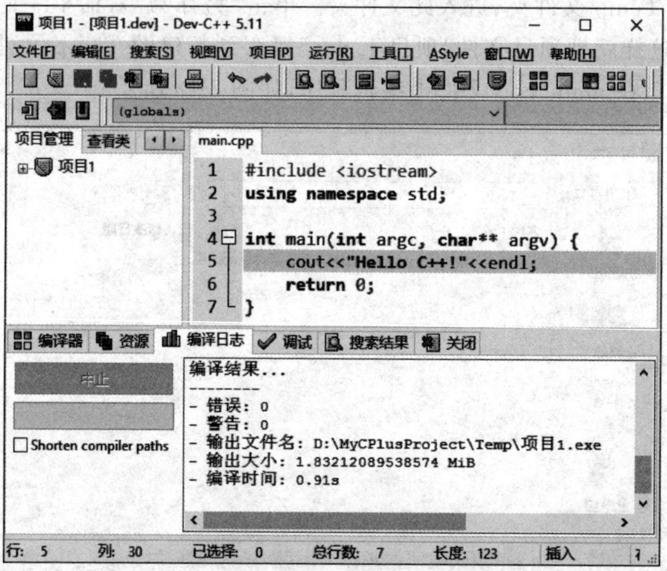

图 2-14　项目编译成功

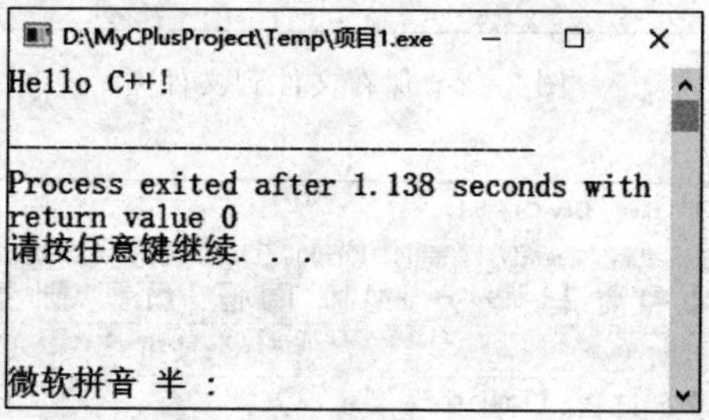

图 2-15　项目运行结果

思　考　题

1. A 是一个类，已有语句“A ＊p; p=new A[10];”。要释放由 p 指向的动态空间，正确的语句应该是________。

2. 如果要把 PI 声明为：值为 3.14159，类型为双精度实数的符号常量，该声明语句是________。

3. 函数重载的依据是________、________。

4. 使用 cin 和 cout 进行输入/输出操作的程序必须包含头文件________。

5. 给定以下代码片段，请给出输出结果________。

```
int x = 5;
int &y = x;
cout << x <<", "<< y;
```

6. 以下语句在堆内存中创建了什么？请绘制示意图。

```
int **arr = new int*[3];
for(int i = 0; i < 3;i++){
    arr[i] = new int[5];
}
```

编　程　题

1. 从键盘接收若干整数到一个数组中，然后找出并输出数组中的最大数。要求：首先让用户输入一个整数 n，表示要输入整数的个数，然后根据 n 去定义一个动态数组来接收用户输入的 n 个整数。

2. 通过函数重载，利用冒泡排序算法编写函数 sort()，完成 int 型数组、float 型数组和字符型数组的排序。

第3章 类与对象

教学提示

本章主要介绍类与对象。类(class)是面向对象程序设计的核心,是实现数据封装和信息隐藏的工具,是继承和多态的基础。因此,本章既是全书的基础与重点,也是学习面向对象程序设计技术的基础。学习者一定要掌握类、类成员访问控制、构造函数与析构函数、静态成员等重要概念。

3.1 类的定义

类是面向对象程序设计的核心,是一种新的数据类型。类是对具有相同属性、特征的一组对象的抽象,而对象就是某一个类的实例。面向对象程序看上去就是由一些类组成的。类作为一种复杂的自定义数据类型,它将不同类型的数据和与之相关的操作封装在一起。在C++语言中,类的属性被称为数据成员,操作被称为成员函数。为了在C++语言中使用类,就必须对类加以定义。

3.1.1 定义类

类是C++最重要的特征。类的一般定义格式为

```
class <类名>{
[ private:
    <私有数据成员或成员函数的声明> ]
[ protected:
    <保护数据成员或成员函数的声明> ]
[ public:
    <公有数据成员或成员函数的声明> ]
};      //注意类体后的";"不能省略
```

例如,一个圆形类定义如下:

```
//类定义一般放在与类同名的头文件中,所以Circle类定义应该放到Circle.h头文件中
//Circle.h文件
class Circle{
    private:
        double radius;                                          //数据成员的声明
    public:
```

```
        double getRadius() const;                 //成员函数的声明
        void setRadius(double radius);            //成员函数的声明
        double getArea() const;                   //成员函数的声明
        double getPerimeter() const;              //成员函数的声明
};
```

关于类定义的四点说明如下。

(1) class 是定义类的关键字。< >中的内容表示必须有的内容,[]中的内容表示可选的内容。类名以大写字母开头,以将它们与以小写字母开头的类库中的类区分开来。一对花括号的内部是类的类体部分,定义了该类的成员。类的成员包括数据成员和成员函数两种。类体后面要有一个英文分号。

(2) 类体中的 private(私有的)、protected(保护的)和 public(公开的,也称公有的)是用于定义不同访问权限(也称为可见性)的关键字,通常称为访问控制关键字。对数据成员和成员函数都可以分别使用这三种关键字来定义其可见性见表 3-1。访问关键字在类定义时与出现的先后顺序无关,并且可以多次出现。成员的访问默认权限为 private。

表 3-1　访问控制关键字

访问控制关键字	说　明
private	用它定义的成员在类的外部无法直接访问,从而达到数据封装隐藏的作用
protected	用它定义的成员虽然在类的外部无法直接访问,但可以在该类的直接派生类中使用
public	用它定义的成员可以从类的外部访问,这些成员作为类与外界的接口

(3) 数据成员和成员函数都可以设置为 public、private 或 protected 属性。出于信息隐藏的目的,一般将数据成员设置为 private 权限,将允许外部访问的成员函数设置为 public 权限。

(4) 数据成员可以是任何数据类型,如整型、浮点型、字符型、数组、指针、引用等,也可以是另外一个类的对象或指向对象的指针,还可以是指向自身类的指针或引用,但不能是自身类的对象。此外,数据成员不能指定为自动(auto)、寄存器(register)和外部(extern)存储类型。例如:

```
class A{...};                  //为简单起见,此处类 A 的成员省略
class B{
    private:
        int a;
        A obja1;               //正确
        A * obja2;             //正确
        B * objb,&objr;        //正确
        B b;                   //错误,不可以指向自身的类对象
        auto int c;            //错误,不能指定为自动(auto)
        extern int d;          //错误,不能指定为外部(extern)
public:
    ...                        //简单起见,类 B 的成员函数省略了
};
```

3.1.2 成员函数的定义

成员函数的声明给出了函数原型，每个成员函数也需要一个定义。类定义一般放在与类同名的头文件中，如 Circle 类定义应该放到 Circle. h 文件中。类中的成员函数的定义一般放到与类同名的源文件中，如 Circle 类的成员函数的定义应该放到 Circle. cpp 文件中。

```
//Circle.cpp 源文件
#include "Circle.h"                //需要包含类定义所在的头文件
double Circle::getRadius() const{
    return radius;
}
void Circle::setRadius(double radius){
    this->radius = radius;
}
double Circle::getArea() const{
    return (3.14 * radius * radius);
}
double Circle::getPerimeter() const{
    return (2 * 3.14 * radius);
}
```

在类的源文件中定义成员函数时，成员函数名之前要有“类名::”，目的是表示成员函数所属的类。“::”符号称为类域限定符。如果忘记在成员函数名之前加“类名::”，编译器会认为定义了一个全局函数，不会认为定义了类中的成员函数。

3.2 类的使用

类是生成对象的模板，对象是类的实例。定义类的目的是把类实例化成对象来使用。通过对象才能调用类中的成员函数(静态成员函数除外)。类是一种数据类型，对象是类类型的变量。类与对象之间的关系就像结构体类型和结构体变量一样，通常程序员需要定义结构体类型，然后利用该类型去定义变量，并且一个结构体类型可以定义若干个结构体变量。类的使用与之相似，当定义一个类之后，就可以用它来创建(或称实例化)若干个对象，每一个被创建的对象都具有该类的类型。

1. 对象的定义

C++会为每个对象单独地分配存储空间。注意，只为每个对象中的数据成员分配存储空间，类的成员函数在内存中只有一份副本，供该类的所有对象公用。这样做的原因是同一个类的所有对象的成员函数都相同，但数据成员则一般是不相同的，因此每个对象中只包含一份类中定义的数据成员，例如：

```
Circle circle1,circle2;          //把 Circle 类实例化为 circle1 和 circle2 两个对象
```

circle1 对象封装了一个名为 radius 的 double 类型数据成员，circle2 对象中也同样封装了一个名为 radius 的 double 类型数据成员，如图 3-1 所示。

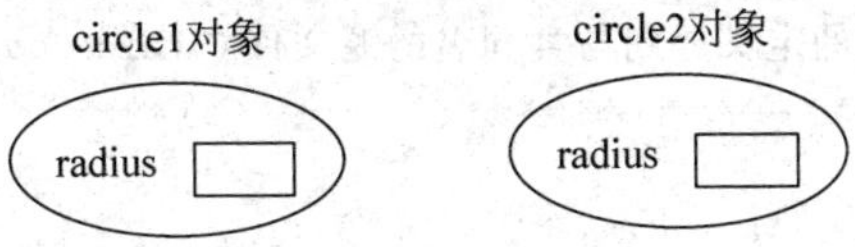

图 3-1　circle1 和 circle2 两个对象

2. 对象的使用

定义对象后，就可以通过对象访问对象中的公有(public)成员了，例如：

```
circle1.setRadius(1.0);
circle2.setRadius(2.0);
cout <<"circle1 radius: " << circle1.getRadius()<< endl;
cout <<"circle2 radius: " << circle2.getRadius()<< endl;
```

对象名和公有成员之间使用了一个英文句点“.”，这个“.”称为成员选择运算符。

如果定义了对象指针并指向了对象，通过指针访问公有成员时，要用“->”作为对象指针和公有成员之间的间隔符。例如：

```
Circle *p = new Circle;
p->setRadius(3.0);
```

在类之外，通过对象名和“.”成员选择运算符或对象指针和“->”间隔符，只能访问对象中的公有(public)成员，不能访问对象中的私有(private)成员和保护(protected)成员。例如：

```
circle1.radius;                          //错误,不能访问对象的私有成员
p->radius;                               //错误,不能访问对象的私有成员
```

【例 3-1】 完整的圆形类定义及使用的例子程序。

```
/*********************************************************************/
* 类定义放在与类同名的头文件 Circle.h 中 *
*********************************************************************/
//Circle.h 文件
#ifndef CIRCLE_H
#define CIRCLE_H
class Circle{
    private:
        double radius;                   //圆的半径
    public:
        double getRadius() const;        //返回圆的半径
        void setRadius(double radius);   //设置圆的半径
        double getArea() const;          //返回圆的面积
```

```
    double getPerimeter() const;            //返回圆的周长
};
#endif

/*********************************************************************/
* Circle类的成员函数的定义放到与类同名的源文件Circle.cpp中 *
*********************************************************************/
//Circle.cpp文件
#include "Circle.h"
double Circle::getRadius() const{
    return radius;
}
void Circle::setRadius(double radius){
    this->radius = radius;              //this->radius表示当前对象中的radius
}
double Circle::getArea() const{
    return (3.14 * radius * radius);
}
double Circle::getPerimeter() const{
    return (2 * 3.14 * radius);
}

/*********************************************************************/
* 程序入口main()函数单独放在应用程序文件main.cpp中 *
*********************************************************************/
//应用程序文件main.cpp
#include <iostream>
#include "Circle.h"
using namespace std;
int main(){
    Circle circle1,circle2;      //把Circle类实例化为circle1和circle2两个对象
    circle1.setRadius(1.0);
    circle2.setRadius(2.0);
    cout <<"circle1 半径: " << circle1.getRadius()<< endl;
    cout <<"circle1 面积: " << circle1.getArea()<< endl;
    cout <<"circle1 周长: " << circle1.getPerimeter()<< endl;
    cout <<"circle2 半径: " << circle2.getRadius()<< endl;
    cout <<"circle2 面积: " << circle2.getArea()<< endl;
    cout <<"circle2 周长: " << circle2.getPerimeter()<< endl;
    Circle *p = new Circle;
    p->setRadius(3.0);
    cout <<"p指向的圆 半径: " << p->getRadius()<< endl;
    cout <<"p指向的圆 面积: " << p->getArea()<< endl;
    cout <<"p指向的圆 周长: " << p->getPerimeter()<< endl;
    return 0;
}
```

运行结果如下：

```
circle1 半径: 1
```

```
circle1 面积: 3.14
circle1 周长: 6.28
circle2 半径: 2
circle2 面积: 12.56
circle2 周长: 12.56
p指向的圆 半径: 3
p指向的圆 面积: 28.26
p指向的圆 周长: 18.84
```

例 3-1 的程序说明如下。

(1) 在 Circle.h 文件中,ifndef、define、endif 的作用是防止头文件被重复包含和编译。"重复包含"是指一个头文件在同一个 cpp 文件中被 include 了多次,这种错误常常是由于 include 嵌套造成的。例如,存在 a.h 文件 #include "c.h",而此时 b.cpp 文件导入了 #include "a.h" 和 #include "c.h",此时就会造成 c.h 重复引用。

(2) 在 Circle.cpp 文件和 main.cpp 文件中都用到了 Circle 类,所以都要包含 Circle 类定义所在的头文件 #include "Circle.h"。

(3) 在成员函数中,this 是指向调用对象(又称当前对象)的指针。例如,在执行 circle1.setRadius(1.0)时,setRadius()函数中的 this 指向 circle1 对象;在执行 circle2.setRadius(2.0)时,setRadius()函数中的 this 指向 circle2 对象。this 指针介绍详见 3.8 节。

3.3　类的接口与实现分离

C++通过类实现封装,把数据和对这些数据的操作封装在一个类中。类的作用就是把数据和算法封装在用户声明的抽象数据类型中。实际上,用户往往并不关心类的内部是如何实现的,而只需知道调用哪个函数会得到什么结果,能实现什么功能即可。因此,公有成员函数是用户使用类的公用接口(public interface),或者说是类的对外接口。类中被操作的数据是私有的,实现的细节对用户是隐蔽的,这种实现称为私有实现(private implementation)。这种"类的公用接口与私有实现的分离"形成了信息隐蔽。

软件工程的一个最基本的原则是将接口与实现分离,信息隐蔽是软件工程中一个非常重要的概念。在面向对象的程序开发中,一般做法是将类的声明(其中包含成员函数的声明)放在与类同名的头文件(.h 文件)中,用户如果想用该类,只要把有关的头文件包含进来即可。由于在头文件中包含了类的声明,因此在程序中就可以用该类来定义对象。由于在类体中包含了对成员函数的声明,在程序中就可以调用这些对象的公有成员函数。为了实现信息隐蔽,类成员函数的定义一般不放在头文件中,而是另外放在一个与类同名的源文件(.cpp 文件)中。源文件以编译后的目标文件的形式(如 C++的各种库文件)提供给用户,能够达到信息和技术保密的目的,也为多名程序员同时进行软件开发提供了技术支持。

例如,定义一个 Student 类:

```
//Student.h 头文件,在此文件中进行类的声明
```

```
class Student{                                            //类声明
    public :
        void display();                                   //公有成员函数原型声明
    private :
        int num;
        char name[20];
};
//Student.cpp 源文件,在此文件中进行成员函数的定义
#include <iostream>
#include "Student.h"                                      //不要漏写此行,否则编译通不过
using namespace std;
void Student::display(){                                  //在类外定义 display 类函数
    cout <<"num:"<< num << endl;
    cout <<"name:"<< name << endl;
}
```

为了组成一个完整的源程序,还应当有包括主函数的源文件(main.cpp),主函数作为 Student 类的用户(使用者),把 Student 类实例化成对象,然后通过对象调用类中的公有方法。

```
//应用程序文件 main.cpp
#include "Student.h"                                      //将类声明头文件包含进来
int main(){
    Student stu;                                          //定义对象
    stu.display();                                        //执行 stu 对象的 display 函数
    return 0;
}
```

这是一个包括 3 个文件的程序,该程序有两个文件模块:一个是主模块 main.cpp,另一个是 student.cpp。使用 C++编译器对两个源文件 main.cpp 和 Student.cpp 分别进行编译,得到两个目标文件 main.o 和 Student.o,然后将它们和其他系统资源连接起来,形成可执行文件(.exe 文件)。注意,目标文件的后缀在不同的 C++编译系统中是不同的,如在 GCC 中,后缀是.o,而在 VC 6.0 中,后缀是.obj。

当接口与实现分离时,只要类的接口没有改变,对该类的使用方式就没有任何改变。如果类的定义改变了,只要类提供的使用接口没有改变,那么对使用者来说就没有影响。

3.4 const 成员函数

类的成员函数后面加 const,表明这个函数不会对这个类对象的数据成员做任何改变。在设计类的时候,一个原则是对于不改变数据成员的成员函数都要在后面加 const,而对于改变数据成员的成员函数不能加 const,所以 const 关键字对成员函数的行为作了更加明确的限定:有 const 修饰的成员函数(指 const 放在函数参数表的后面,而不是在函数前面或者参数表内),只能读取数据成员,不能改变数据成员;没有 const 修饰的成员

函数，对数据成员则是可读可写的。

如果要声明一个 const 类型的成员函数，只需要在成员函数参数表的后面加上关键字 const，例如：

```
double getRadius() const;                              //返回圆的半径
```

在类体之外定义 const 成员函数时，还必须加上 const 关键字，例如：

```
double Circle::getRadius() const{
    return radius;
}
```

如果把一个修改了对象的数据成员的成员函数定义为 const 类型，编译时会出错，例如：

```
void Circle::setRadius(double radius) const{
    this->radius = radius;   //this->radius 表示当前对象中的 radius,这里被重新赋值了
}
```

编译时，this-> radius＝radius 这个语句会出错，因为它修改了对象中的 radius 数据成员，而 const 类型的成员函数不允许对类对象的数据成员做任何改变。

3.5 访问器成员函数与更改器成员函数

封装是面向对象的一个重要特性，封装可以限制对类对象中数据成员的直接访问。数据成员一般定义为私有(private)的访问控制方式，在类之外不允许访问，只有类中的成员函数可以访问。如果类对象的用户(使用者)需要访问类对象中的私有数据成员，可以通过类中提供的公有访问权限的访问器成员函数与更改器成员函数间接访问。

访问器成员函数(又称为 getter 成员函数)返回对象中数据成员的值，命名方式为 get 加首字符大写的数据成员的名字。例如，Circle 类中的数据成员 radius 的 getter 函数为

```
double Circle::getRadius() const{
    return radius;
}
```

访问器成员函数的参数列表为空。为了保证访问器成员函数不会对类对象的数据成员做任何改变，必须把它定义为 const 类型的成员函数。

更改器成员函数(又称为 setter 成员函数)用传进来的参数值给对象中数据成员重新赋值。例如，Circle 类中的数据成员 radius 的 setter 函数为

```
void Circle::setRadius(double radius) {
    this->radius = radius;          //this->radius 表示对象中的 radius,这里被重新赋值了
}
```

3.6 构造函数

3.6.1 对象数据成员的初始化

类是一个抽象的概念,体现在类中的数据成员是没有赋值的。对象是类的实例,是一个具体的实体,体现在对象中的数据成员是有值的,代表了对象的状态。例如,人类有年龄、身高和体重等数据成员,但这些数据成员是没有具体值的,因为人类并不是一个具体实体。而人类的具体的实例对象,如张三或李四,他们的年龄、身高和体重等数据成员是必须要有确定的值的,否则就不能看作一个具体的人了(想想看哪个人会没有年龄、身高和体重呢?)。

所以,把类实例化为对象时,对象中的数据成员一定要进行初始化,否则在使用对象时,可能会因为数据成员没有合理的值而引发错误。例如,有些以指针为数据成员的类可能会要求在其对象生成时,指针就已经指向一片动态分配的存储空间。

虽然可以为类设计一个初始化函数,对象定义后就立即调用它,但这样做的话,初始化就不具有强制性,难以保证程序员在定义对象后不会忘记对其进行初始化。面向对象的程序设计语言倾向于对象一定要经过初始化后,使用起来才比较安全。因此,引入了构造函数(constructor)的概念,用于对对象进行自动初始化。

3.6.2 构造函数的概念和特点

构造函数是C++语言中一个特殊的成员函数,构造函数的作用是给对象中的数据成员赋初值。构造函数的特点如下。

(1) 构造函数的名字与类同名。

(2) 构造函数没有返回类型(void 也不能写)。

(3) 构造函数是在定义对象时由编译系统自动调用,不允许在程序中显式调用。

(4) 构造函数往往会重载成多个,目的是提供给类的用户多种初始化对象的方式。

构造函数是在定义对象时由编译系统自动调用的,为了能找到类中的构造函数,所以规定构造函数的名字与类同名且构造函数没有返回类型,编译系统就是根据这两个特点在类中找到构造函数的。构造函数通常应定义为公有成员,因为在程序中定义对象时,要调用构造函数,尽管是由编译器进行的隐式调用,但也是在类外进行的访问。

例如,Circle 类的构造函数如下:

```
class Circle{
    private:
        double radius;                          //圆的半径
    public:
        Circle();                               //默认构造函数
```

```
        Circle(double radius);              //参数构造函数
        Circle(const Circle &circle);       //拷贝构造函数
        ...
};
```

Circle 类的构造函数定义如下：

```
Circle::Circle(){
}
Circle::Circle(double radius){
    this->radius = radius;      //使用参数 radius 给当前对象中的 radius 赋初值
}
Circle::Circle(const Circle &circle){
    radius = circle.radius;     //使用参数对象中 radius 给当前对象中的 radius 赋初值
}
```

在 main()函数中使用 Circle 类时：

```
int main(){
    Circle circle1;               //给 circle1 对象分配存储空间后会自动调用默认构造函数
    Circle circle2(1.0);          //给 circle2 对象分配存储空间后会自动调用参数构造函数
    Circle circle3(circle1);      //给 circle3 对象分配存储空间后会自动调用拷贝构造函数
    Circle circle4 = circle1;     //给 circle4 对象分配存储空间后会自动调用拷贝构造函数
    ...
        return 0;
}
```

在一个类中可以包含三种类型的构造函数：参数构造函数(parameter constructor)、默认构造函数(default constructor)和拷贝构造函数(copy constructor)。

1. 参数构造函数

通常，类中会包含参数构造函数，它使用参数的值初始化对象中的数据成员。参数构造函数往往会重载成多个，目的是提供给类的用户多种初始化对象的方式(详见 3.6.3 小节)。

2. 默认构造函数

默认构造函数(又称无参数构造函数)是不带参数的构造函数，C++规定，每个类必须有构造函数，如果类中没有定义参数构造函数的话，编译器会在类里自动生成默认构造函数。不过自动生成的默认构造函数对程序中定义的局部对象什么也不做，相当于函数体为空。一般情况下，需要自己定义无参数构造函数，把对象中的数据成员初始化为默认值。注意，类中如果定义了参数构造函数，编译器就不再生成默认构造函数，这时如果不自己定义无参数构造函数的话，定义对象不给参数时，编译就会出错。

3. 拷贝构造函数

拷贝构造函数是一种特殊的构造函数，具有单个形参，该形参(常用 const 修饰)是对该类类型的引用。当定义一个新对象并用一个同类型的对象对它进行初始化时，将自动调用拷贝构造函数。例如：

```
Circle circle1;
Circle circle2(circle1);
```

或者

```
Circle circle2 = circle1;
```

上面两种情况都会通过 circle2 对象调用拷贝构造函数，circle1 作为实参传入拷贝构造函数。把 circle1 对象中的数据成员的值复制给 circle2 对象相应的数据成员，结果就是 circle2 对象中的数据成员的值与 circle1 对象中的数据成员的值完全一样。另外，当把 Circle 类型的对象传递给函数或从函数返回 Circle 类型的对象时，也将自动调用拷贝构造函数。

注意：编译器会为定义的类自动生成拷贝构造函数，不用程序员自己定义。不过，自动生成的拷贝构造函数称为值拷贝或浅拷贝构造函数，当类中有指针类型的数据成员时，使用自动生成的拷贝构造函数会出现指针悬挂问题，这时就需要自定义深拷贝构造函数了(详见 3.6.4 小节)。

定义构造函数应注意如下问题。

(1) 构造函数不能有返回类型，即使 void 也不行。

(2) 构造函数由系统自动调用，不能在程序中显式调用构造函数。

(3) 构造函数的调用时机是定义对象之后的第一时间，即构造函数是对象中第一个被调用的函数。

(4) 定义对象数组或用 new 创建动态对象时，也要调用构造函数。但定义数组对象时，必须有无参构造函数。

(5) 构造函数通常应定义为公有成员，因为在程序中定义对象时，要涉及构造函数的调用，尽管是由编译系统进行的隐式调用，但也是在类外进行的成员函数访问。

3.6.3 重载构造函数

构造函数往往会重载成多个，目的是提供给类的用户多种初始化对象的方式。构造函数的重载和其他函数重载一样，要求重载构造函数的参数列表必须不同。

【例 3-2】 自定义一个日期类，并重载构造函数。

```
/******************** MyDate.h 头文件 ********************/
#ifndef MYDATE_H
#define MYDATE_H
class MyDate{
    private:
        int year,month,day;
    public:
        MyDate();
```

```
        MyDate(int day);
        MyDate(int month,int day);
        MyDate(int year,int month,int day);
        //其他成员函数省略
    private:
        void print();                   //只在类内部调用,所以定义为私有
};
#endif

/******************** MyDate.cpp 源文件 ********************/
#include "MyDate.h"
#include <iostream>
using namespace std;
MyDate::MyDate(){
    year = 1900;
    month = 1;
    day = 1;
    print();
}
MyDate::MyDate(int day){
    year = 1900;
    month = 1;
    this->day = day;
    print();
}
MyDate::MyDate(int month,int day){
    year = 1900;
    this->month = month;
    this->day = day;
    print();
}
MyDate::MyDate(int year,int month,int day){
    this->year = year;
    this->month = month;
    this->day = day;
    print();
}
void MyDate::print(){
    cout <<"year = "<< year <<", month = "<< month <<", day = "<< day << endl;
}
/******************** 应用程序文件 main.cpp ********************/
#include "MyDate.h"
int main(){
    MyDate date1;                   //自动调用 MyDate()构造函数
    MyDate date2(5);                //自动调用 MyDate(int day)构造函数
    MyDate date3(3,10);             //自动调用 MyDate(int month,int day)构造函数
    MyDate date4(2025,2,20);        //自动调用 MyDate(int year,int month,int day))构造函数
    return 0;
}
```

运行结果如下：

```
year = 1900, month = 1, day = 1
year = 1900, month = 1, day = 5
year = 1900, month = 3, day = 10
year = 2025, month = 2, day = 20
```

思考：使用 MyDate date1()语句定义 date1 对象行不行？

因为括号是函数的标志，这样是声明了一个名为 date1，返回类型为 MyDate 的函数，而不是定义了 date1 对象。

3.6.4 自定义深拷贝构造函数

拷贝构造函数是一个特殊的构造函数，当定义一个新对象并用一个同类型的对象对它进行初始化时，将自动调用拷贝构造函数。另外，当把对象传递给函数或从函数返回对象时，也将自动调用拷贝构造函数。

很多时候在没有定义拷贝构造函数的情况下，程序都能正常工作，这是因为编译器会自动产生一个拷贝构造函数，这就是“默认拷贝构造函数”，它进行对象之间简单的“浅拷贝”，即使用“老对象”的数据成员的值对“新对象”的数据成员一一赋值。大多数情况下，“浅拷贝”已经能很好地工作了，但若类的数据成员中有指针类型的数据成员，“浅拷贝”之后，则会使得新对象的指针所指向的地址与被复制对象的指针所指向的地址相同，产生指针悬挂的问题，即在 delete 该指针时会导致两次重复 delete 而出错。

【例 3-3】 默认拷贝构造函数产生指针悬挂的问题。

```
/******************** Student.h 头文件 ********************/
#ifndef STUDENT_H
#define STUDENT_H
class Student{
    private:
        int number;                                  //学号
        char * name;                                 //姓名
    public:
        Student(int number,const char * name);       //参数构造函数
        ~Student();                                  //析构函数,清除对象时会自动调用
        void addressOfName();                        //用于输出 name 指向的地址
       void setNumber(int number);                   //学号的 setter 函数
};
#endif

/******************** Student.cpp 源文件 ********************/
#include "Student.h"
#include <cstring>
#include <iostream>
using namespace std;
Student::Student(int number,const char * name){
    this->number = number;
    this->name = new char[strlen(name) + 1]; /* 根据参数字符串的长度申请动态内存,加 1 是多
                                                 申请一个字节,用来存放字符串结束标识'\0' */
    strcpy(this->name,name);          //把参数字符串复制到对象 name 指针指向的堆内存中
```

```
    cout <<"constructor is called"<< endl;
}
Student::~Student(){
    cout <<"before delete number = "<< number << endl;
    delete [ ]name;                    //释放 name 指针指向的堆内存
    cout <<"after delete number = "<< number << endl;
}
void Student::addressOfName(){
    cout <<(void * )name << endl;      //输出 name 指向的地址
}
void Student::setNumber(int number){
    this -> number = number;
}

/******************** 应用程序文件 main.cpp ********************/
#include "Student.h"
#include <iostream>
using namespace std;
int main(){
    Student stu1(1,"张三");            //参数构造函数会被调用
    Student stu2 = stu1;               //拷贝构造函数会被调用
    //Student stu2( stu1);             //拷贝构造函数也会被调用
    stu2.setNumber(2);                 //设置 stu2 的学号为 2
    cout <<"stu1 中 name 地址: ";
    stu1.addressOfName();
    cout <<"stu2 中 name 地址: " ;
    stu2.addressOfName();
    return 0;
}
```

程序运行结果如下：

```
constructor is called
stu1 中 name 地址: 0x2dfca0
stu2 中 name 地址: 0x2dfca0
before delete number = 2
after delete number = 2
before delete number = 1
```

程序运行时，在输出运行结果后，Windows 系统弹出了一个错误提示，如图 3-2 所示。现在分析一下程序的执行过程：定义 stu1 时，执行了参数构造函数，输出了"constructor is called"；定义 stu2 时，调用了编译器自动产生的默认拷贝构造函数，它的代码如下：

```
Student::Student(const Student &s){
    this -> number = s.number;
    this -> name = s.name;
}
```

默认拷贝构造函数将 stu1 中各数据成员的值复制给 stu2 中相应的数据成员。对于整型的数据成员 number，值拷贝没有什么问题。但对于指针数据成员 name 就出问题

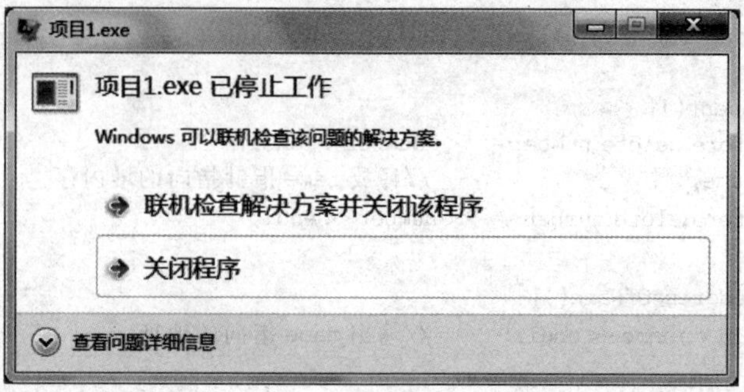

图 3-2 指针悬挂引发错误

了,它会将 stu1. name 的值复制给 stu2. name 中,导致 stu1 和 stu2 中的 name 指针指向同一堆内存地址,如图 3-3(a)图所示。

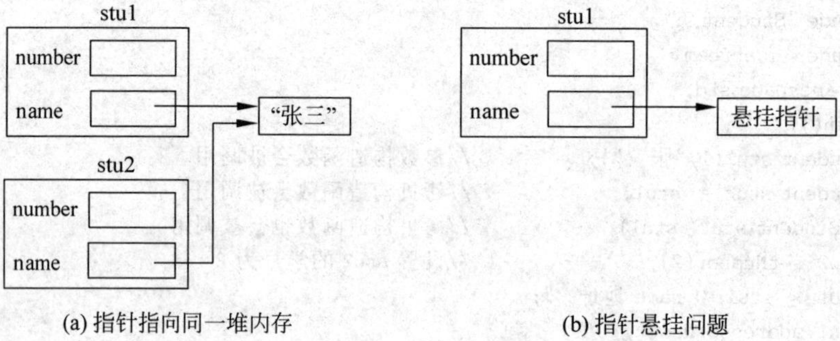

图 3-3 浅拷贝引起的指针悬挂问题

当 main()函数执行结束时,会从后往前清理、释放局部变量所占内存空间。如果清理的变量是对象的话,清理对象之前,会先调用对象的析构函数,所以首先调用了 stu2 对象的析构函数,该函数中的语句 delete []name 会把 stu2. name 所指向的堆内存空间释放并归还给系统,但问题是此时 stu1. name 仍然指向此堆内存空间,这就是所谓的"指针悬挂"问题,如图 3-3(b)所示。接下来会调用 stu1 对象的析构函数,这次执行语句 delete [] name 就出问题了,原因是 stu1. name 指向的堆内存空间已经被释放了,不能再次释放了,所以就运行出错了。

那么如何解决这个问题呢,这时就需要定义一个"深拷贝"构造函数。所谓"深拷贝"是指对于对象中的指针数据成员,不能简单地复制它的值,而是应该复制指针数据成员所指向的堆内存中的数据,如图 3-4 所示,stu2. name 存储了"张三"的副本。自己定义的一个"深拷贝"构造函数如下:

```
Student::Student(const Student &s){
    this->number = s.number;
    this->name = new char[strlen(s.name) + 1];
    strcpy(this->name,s.name);      //复制参数对象中 name 指针所指向的堆内存中的数据
}
```

将例 3-3 程序中的浅拷贝构造函数替换成以上深拷贝构造函数之后,运行程序结果如下:

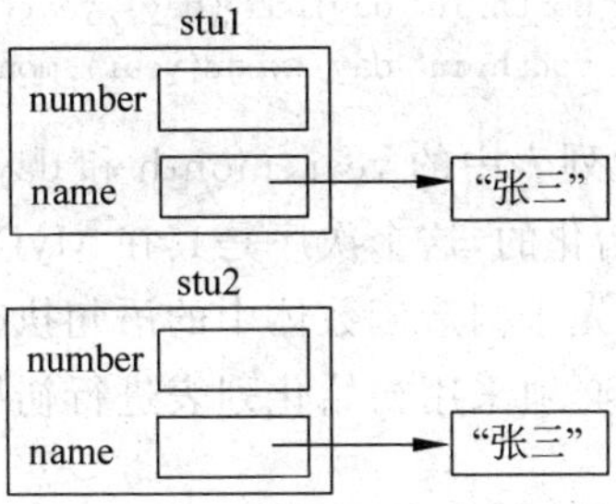

图 3-4　深拷贝后的内存中的数据

```
constructor is called
stu1 中 name 地址: 0x5bfca0
stu2 中 name 地址: 0x5bfcf0
before delete number = 2
after delete number = 2
before delete number = 1
after delete number = 1
```

从运行结果中可以看出,stu1 中 name 地址与 stu2 中 name 地址已经不同了,它们各自指向各自的堆内存空间,因此在对象析构时不会再发生指针悬挂的问题。

3.6.5 构造函数初始化列表

构造函数初始化列表类似于下面的形式:

```
构造函数名(参数表):成员 1(初始值),成员 2(初始值),…{
    …
}
```

介于参数表后面的":"与函数体之间的内容就是成员初始化列表。其含义是将括号中参数的值赋给该括号前面的成员,例如:

```
class MyDate{
    private:
        int year,month,day;
    public:
        MyDate(int year,int month,int day);
        //其他成员函数省略
};
MyDate::MyDate(int year,int month,int day):year(year),month(month),day(day){
}
```

关于构造函数初始化列表的说明如下。

(1) 构造函数初始化列表中的成员初始化次序与它们在类中的声明次序相同,与初始列表中的次序无关。对上面的例子而言,下面三个构造函数是完全相同的。

```
MyDate::MyDate(int year,int month,int day):month(month),day(day),year(year){}
```

```
MyDate::MyDate(int year,int month,int day):day(day),year(year),month(month){}
MyDate::MyDate(int year,int month,int day):year(year),month(month),day(day){}
```

尽管三个构造函数初始化列表中的 year、month 和 day 的次序不同，但它们都是按照 year→month→day 的次序初始化的，这个次序是其在 MyDate 中的声明次序。

(2) 构造函数初始化列表先于构造函数体中的语句执行。

(3) 常量成员和引用成员必须采用初始化列表进行初始化，例如：

```
class A{
    private:
        const int ic;              //常量数据成员
        int &ir;                   //引用数据成员
        int i;
    public:
        A();
};
A::A ():ic(10),ir(i){
    i = 5;
}
```

(4) 给类对象成员的构造函数和基类构造函数传参数也必须采用初始化列表的形式。

3.7 析构函数

创建对象时系统会自动调用构造函数进行初始化工作。同样，销毁对象时系统也会自动调用一个函数来进行清理工作(如释放对象中指针数据成员初始化时申请的堆内存)，这个函数被称为析构函数(Destructor)。

析构函数的特点如下。

(1) 析构函数的名字是在类名前面加一个“～”符号。

(2) 析构函数没有返回类型。

(3) 析构函数没有参数。

(4) 析构函数是在销毁对象时自动调用的，析构函数中一般只应该包含一系列 delete 语句，主要作用是释放对象中指针数据成员初始化时使用 new 运算符申请的堆内存。

析构函数没有参数，所以不能被重载，因此一个类只能有一个析构函数。如果类中没有定义析构函数，那么编译器会自动生成一个函数体为空的默认析构函数。析构函数应该被设置为类的公有成员，因为虽然它是被系统自动调用的，但这些调用都是在类的外部进行的。

【例 3-4】 析构函数被系统自动调用示例。

```
/******************** A.h头文件 ********************/
#ifndef A_H
#define A_H
```

```
class A{
private:
    int i;
public:
    A(int i);               //构造函数
    ~A();                   //析构函数
};
#endif

/********************* A.cpp 源文件 *********************/
#include "A.h"
#include <iostream>
using namespace std;
A::A(int i){
    this->i = i;
    cout <<"constructor: "<< i << endl;
}
A::~A(){
    cout <<"destructor : "<< i << endl;
}

/********************* 应用程序文件 main.cpp *********************/
#include "A.h"
int main(){
        A a1(1);
        A a2(2);
        return 0;
}
```

运行结果如下：

```
constructor: 1
constructor: 2
destructor : 2
destructor : 1
```

当 main()函数执行结束时，会从后往前清理、释放局部变量所占的内存空间。如果清理的变量是对象的话，清理对象之前，会先调用对象的析构函数。所以，首先调用了 a2 对象的析构函数，然后调用了 a1 对象的析构函数。

一般情况下，如果类中没有指针类型的数据成员，程序员不用在类中自己定义析构函数。如果类中有指针类型的数据成员，在构造函数中初始化指针类型的数据成员时，一般会使用 new 运算符申请一块堆内存空间让指针类型的数据成员指向。当对象的生命周期结束时，用 new 运算符申请的堆内存空间要使用 delete 运算符进行释放，否则会造成内存泄漏。例如：

```
class B{
    private:
        int * a;
    public:
        B(int n);
```

```
        ~B();
};
B::B(int n){
    a = new int[n];        //使用 new 运算符申请一块堆内存空间让指针类型的数据成员指向
}
B::~B(){
    delete []a;            //使用 delete 运算符释放初始化 a 时申请的堆内存空间
}
```

3.8 this 指针

类实例化为对象时,类的每个对象都有一份自己的数据成员。然而,对象里是没有成员函数的,类中的成员函数只有一份副本,无论通过类的哪个对象调用类中某个成员函数,调用的都是同一个成员函数。成员函数访问的数据成员是调用对象中的数据成员。那么问题来了,成员函数要访问调用对象中的数据成员,它怎么知道是哪个对象在调用它呢?答案就是 this 指针。

3.8.1 this 指针的概念

this 指针是编译器在编译类中成员函数时,给每个成员函数(静态成员函数除外)参数表中自动添加的一个形参,而且是作为参数表中第一个形参插入的。这个形参的名字是 this,类型是本类的一个常指针。例如,定义一个 MyPoint 类如下:

```
class MyPoint{
    private:
        int x,y;
    public:
        void move(int a,int b);
        int getX();
};
void MyPoint::move(int a,int b){
    x=a;
    y=b;
}
int MyPoint::getX(){
    return x;
}
```

编译器编译后的代码实际变为

```
class MyPoint{
    private:
        int x,y;
    public:
        void move(MyPoint * const this,int a,int b);
```

```
    int getX(MyPoint * const this);
};
void MyPoint::move(MyPoint * const this, int a, int b){
    this->x = a;
    this->y = b;
}
int MyPoint::getX(MyPoint * const this){
    return this->x;
}
```

编译器对代码进行了两点改变：一是在每个成员函数参数表中添加了一个形参“MyPoint * const this”；二是在成员函数的函数体中，在每个数据成员前面添加了一个“this->”。

在 main()函数中的代码如下：

```
int main(){
    MyPoint p1,p2;
    p1.move(1,1);
    p2.move(2,2);
    return 0;
}
```

编译器编译后，p1.move(1,1)会变成 move(&p1,1,1)，p2.move(2,2)会变成 move(&p2,2,2)。也就是说，通过 p1 对象调用 move 成员函数时，会把 p1 对象的地址作为第一个实参传给 move 成员函数参数表中的第一个形参 this 指针，这样 this 指针就指向了 p1 对象，在 move 成员函数的函数体中，this-> x 就是 p1 对象中的 x，this-> y 就是 p1 对象中的 y。

同理，通过 p2 对象调用 move 成员函数时，会把 p2 对象的地址作为第一个实参传给 move 成员函数的参数表中的第一个形参 this 指针，这样 this 指针就指向了 p2 对象，在 move 成员函数的函数体中，this-> x 就是 p2 对象中的 x，this-> y 就是 p2 对象中的 y。

3.8.2 显式地使用 this 指针的情况

尽管 this 是一个隐式指针，但在类的成员函数中可以显式地使用它。

1. 局部变量的名称与成员的名称相同的情况

当成员函数的形参与数据成员同名时，这时需要显示使用 this 指针，例如：

```
void MyPoint::move(int x, int y){
    this->x = x;            //x 是形参 x, this->x 表示调用对象中的数据成员 x
    this->y = y;
}
```

函数形参是函数中的局部变量，作用范围在函数体中。当在函数体中出现 x 时，编译器会把它解析为形参 x，这时表示调用对象中的数据成员 x 必须显式地使用 this 指针，

this-> x 表示调用对象中的数据成员 x。为什么要让形参名与数据成员同名呢？原因是为了增强程序的可读性，根据形参的名字，就知道它给哪个数据成员赋值。

2. 返回对调用对象的引用

当返回对本地对象的引用时，返回的引用可用于链接单个对象上的函数调用，例如：

```
class MyPoint{
    private:
        int x,y;
    public:
        MyPoint(int x = 0,int y = 0);
        MyPoint& setX(int x);
        MyPoint& setY(int y);
};
MyPoint::MyPoint(int x,int y){
    this->x = x;
    this->y = y;
}
MyPoint& MyPoint::setX(int x){      //函数返回调用对象
    this->x = x;
    return *this;                   //*this 表示调用对象
}
MyPoint& MyPoint::setY(int y){      //函数返回调用对象
    this->y = y;
    return *this;                   //*this 表示调用对象
}
int main(){
    MyPoint p;
    p.setX(2).setY(5);              //因为 p.setX(2)返回对象 p,所以可以连续调用成员函数
    return 0;
}
```

3.9 静态成员

C++中的静态成员包括静态数据成员和静态成员函数。静态数据成员是在定义时前面加了 static 关键字的数据成员；静态成员函数是在声明时前面加了 static 关键字的成员函数。

3.9.1 静态数据成员

在 C++中，在类内数据成员的定义前加上关键字 static，就成了静态数据成员。

1. 格式

静态数据成员的格式如下：

```
static 数据类型 静态数据成员名;
```

例如：

```
static int sum;
```

2. 初始化

静态数据成员需要在类外初始化，一般是在类的源文件中初始化。初始化格式如下：

```
数据类型 类名::静态数据成员名 = 初始值;
```

例如：

```
int Student::sum = 0;
```

3. 特点

(1) 对于非静态数据成员(也称为实例成员)，用于存储和对象相关的信息，每个类对象都有自己的一份副本，在对象中分配存储空间。而静态数据成员不在对象中，用于存储和类相关的信息，被当作是类的成员，一个类只有一份静态数据成员的副本，在类的公用区中分配存储空间。

(2) 静态数据成员和普通数据成员一样，遵从 public、protected、private 访问规则。

(3) 静态数据成员在类外初始化时不能带 static 的关键字，private、protected 的静态数据成员虽然可以在类外初始化，但不能在类外被访问。

3.9.2 静态成员函数

与静态数据成员一样，在类的成员函数前面加了 static 关键字后，就变为了类的静态成员函数。在 C++中，静态成员函数的作用是处理静态数据成员。

静态成员函数有如下特点。

(1) 静态成员函数的调用方式：类名::静态成员函数名(参数表)。

(2) 类的静态成员函数与类对象无关，不应该通过对象调用静态成员函数(虽然编译器也允许)。

(3) 可以在建立任何对象之前调用静态成员函数或者访问静态数据成员。

(4) 非静态成员函数可以任意地访问静态成员函数和静态数据成员。

(5) 静态成员函数与非静态成员函数的区别：非静态成员函数中有 this 指针，而静态成员函数中没有 this 指针。所以，在静态成员函数中不能直接访问非静态成员函数和非静态数据成员，如果需要访问的话，必须在非静态成员函数和非静态数据成员前面加上对象名和“.”运算符。

(6) 在类体外定义静态成员函数时不能指定关键字 static。

【例 3-5】 静态数据成员和静态成员函数示例。

```
/********************** CRectangle.h头文件 **********************/
```

```
#ifndef CRECTANGLE_H
#define CRECTANGLE_H
class CRectangle{
    private:
        int width, height;
        static int totalNumber;                     //矩形总数
        static int totalArea;                       //矩形总面积
    public:
        CRectangle(int width, int height);
        ~CRectangle();
        static void printTotal();                   //输出矩形总面积和矩形总数
};
#endif

/******************** CRectangle.cpp 源文件 ********************/
#include "CRectangle.h"
#include <iostream>
using namespace std;
int CRectangle::totalNumber = 0;                    //静态数据成员初始化
int CRectangle::totalArea = 0;                      //静态数据成员初始化
CRectangle::CRectangle(int width, int height){
    this->width = width;
    this->height = height;
    totalNumber++;                                  //有对象生成则增加总数
    totalArea += width * height;                    //有对象生成则增加总面积
}
CRectangle::~CRectangle(){
    totalNumber--;                                  //有对象消亡则减少总数
    totalArea -= width * height;                    //有对象消亡则减少总面积
}
void CRectangle::printTotal(){                      //注意不能指定关键字 static
    cout <<"矩形对象总数: "<< totalNumber <<", 矩形总面积: "<< totalArea << endl;
}

/******************** 应用程序文件 main.cpp ********************/
#include "CRectangle.h"
int main(){
    CRectangle r1(3, 3), r2(2, 2);
    //cout << CRectangle::totalNumber;              //错误,totalNumber 是私有的
    CRectangle::printTotal();
    return 0;
}
```

运行结果如下:

```
矩形对象总数: 2, 矩形总面积: 13
```

CRectangle 类中定义了两个静态数据成员,一个是 totalNumber,表示矩形对象总数;另一个 totalArea,表示所有矩形对象的总面积。这两个数据成员之所以定义为静态数据成员,是因为它们与类相关而与对象无关,整个类存储一份就可以了。因此,定义了一个静态成员函数 printTotal()来访问这两个静态数据成员。

程序的基本思想是：CRectangle 类只提供一个带参数的构造函数，所有 CRectangle 对象在生成时都需要用这个构造函数初始化（为简单起见，这里没考虑默认拷贝构造函数），因此在这个构造函数中增加矩形的总数和总面积的数值即可；所有 CRectangle 对象消亡时都会执行析构函数，所以在析构函数中减少矩形的总数和总面积的数值即可。

3.10　类的组合——类对象成员

类的数据成员可以是基本数据类型，也可以是结构、联合、枚举之类的自定义数据类型，还可以是其他类的对象。如果用其他类的对象作为类的数据成员，则称为对象成员或子对象，这就是所谓的类组合。类组合代表了整体和部分关系，整体类与局部类之间松耦合，彼此相对独立且有更好的可扩展性。

对象成员的初始化不同于基本数据类型的数据成员。基本数据类型的数据成员可以在构造函数中通过赋值语句进行初始化。对象成员必须采用构造函数初始化列表的方式进行初始化。如果没有在构造函数初始化列表中给对象成员的构造函数传参数的话，系统会在执行类的构造函数之前自动调用对象成员的默认构造函数。

【例 3-6】　对象成员必须采用构造函数初始化列表的方式进行初始化示例。

```
/******************** A.h头文件 ********************/
#ifndef A_H
#define A_H
class A{
    private:
        int x;
    public:
        A(int x);
        ~A();
};
#endif

/******************** A.cpp源文件 ********************/
#include "A.h"
#include <iostream>
using namespace std;
A::A(int x){
    this->x = x;
    cout <<"A constructor called"<< endl;
}
A::~A(){
    cout <<"A destructor called"<< endl;
}

/******************** B.h头文件 ********************/
#ifndef B_H
#define B_H
#include "A.h"
```

```
class B{
    private:
        int y;
        A a;                                        //对象成员
    public:
        B(int x,int y);
        ~B();
};
#endif

/******************** B.cpp 源文件 ********************/
#include "B.h"
#include <iostream>
using namespace std;
B::B(int x,int y):a(x)                              //初始化列表
{
    this->y = y;
    cout <<"B constructor called"<< endl;
}
B::~B(){
    cout <<"B destructor called"<< endl;
}

/******************** 应用程序文件 main.cpp ********************/
#include "B.h"
int main(){
    B b(1,2);
    return 0;
}
```

程序运行结果如下：

```
A constructor called
B constructor called
B destructor called
A destructor called
```

B类定义了两个数据成员，一个是 int 型的 y，另一个是 A 类的对象 a。y 在构造函数的函数体中初始化，a 对象成员采用构造函数初始化列表的方式进行初始化。初始化列表优先于构造函数的函数体执行，所以会先执行 A 类的构造函数初始化对象 a，后执行 B 类构造函数的函数体。析构函数的执行顺序和构造函数的执行顺序正好相反。

【例 3-7】 类的组合示例。

```
/******************** MyDate.h 头文件 ********************/
#ifndef MYDATE_H
#define MYDATE_H
class MyDate{
    private:
        int year,month,day;
    public:
        MyDate(int year,int month,int day);
```

```
        int getYear() const;
        int getMonth() const;
        int getDay() const;
};
#endif

/******************** MyDate.cpp 源文件 ********************/
#include "MyDate.h"
MyDate::MyDate(int year,int month,int day):year(year),month(month),day(day){}
int MyDate::getYear() const{
    return year;
}
int MyDate::getMonth() const{
    return month;
}
int MyDate::getDay() const{
    return day;
}

/******************** Person.h 头文件 ********************/
#ifndef PERSON_H
#define PERSON_H
#include "MyDate.h"
class Person{
    private:
        char * name;                //姓名
        MyDate birthday;            //出生日期(对象成员)
    public:
        Person(const char * name, const MyDate &birthday);
        ~Person();
        void print();               //输出姓名和出生日期
};
#endif

/******************** Person.cpp 源文件 ********************/
#include "Person.h"
#include <cstring>
#include <iostream>
using namespace std;
Person::Person(const char * name, const MyDate &birthday):birthday(birthday){
    //根据参数字符串长度给当前对象的指针 name 分配堆内存
    this->name = new char[strlen(name) + 1];
    //把参数字符串复制给当前对象的指针 name 所指向的堆内存中
    strcpy(this->name,name);
}
Person::~Person(){
    delete []name;                  //释放 name 所指向的堆内存
}
void Person::print(){
    cout <<"name: "<< name <<" ,birthday: "<< birthday.getYear()
         <<" - "<< birthday.getMonth()<<" - "<< birthday.getDay()<< endl;
}
```

```
/******************** 应用程序文件 main.cpp ********************/
#include "Person.h"
int main(){
    Person person("张三", MyDate(2023,3,1));    //实参 MyDate(2023,3,1)为匿名对象
    person.print();
    return 0;
}
```

程序运行结果如下：

```
name: 张三 ,birthday: 2023-3-1
```

Person 类的数据成员 birthday(出生日期)是自定义日期类 MyDate 类的对象，是对象成员，初始化要在初始化列表中进行，不能在构造函数的函数体中初始化。在 Person 类的构造函数中，由于两个形参分别是指针类型和引用类型，为了确保它们不被错误地意外修改，所以把它们定义为常量类型。在 mian()函数中，实例化 person 对象时，因为实参 MyDate 对象只在这里使用一次，所以定义为匿名对象。

3.11 友　　元

采用类的机制后实现了数据的隐藏与封装，类的数据成员一般定义为私有成员，成员函数一般定义为公有的，据此提供类与外界间的通信接口。但是，有时需要定义一些函数，这些函数不是类的一部分，但又需要频繁地访问类的数据成员，这时可以将这些函数定义为该类的友元函数。除了友元函数，还有友元类，两者统称为友元。友元的作用是提高了程序的运行效率(即减少了类型和安全性检查及调用的时间开销)，但它破坏了类的封装性和隐藏性，使得非成员函数可以访问类对象的私有成员。

综上所述，友元可以是一个函数，该函数被称为友元函数；友元也可以是一个类，该类被称为友元类。

3.11.1 友元函数

友元函数是可以直接访问类对象的私有成员的非成员函数。友元函数可以是不属于任何类的全局函数，也可以是另一个类中的成员函数，但需要在类的定义中加以声明。声明时，只需在友元的名称前加上关键字 friend，其格式如下：

```
friend 返回类型 函数名(参数表);
```

说明：*友元不是类的成员，所以友元声明可以放在类中任何地方，在 private、public 或 protected 下都可以声明友元函数。*

【例 3-8】 全局函数作为友元函数。

```
/******************** MyPoint.h 头文件 ********************/
#ifndef MYPOINT_H
#define MYPOINT_H
```

```
class MyPoint{
    private:
        int x,y;
    public:
        MyPoint(int x = 0,int y = 0);
        int getX() const;
        int getY() const;
        friend double dist1(MyPoint &p1,MyPoint &p2); //声明 dist1 为 MyPoint 类的友元
};
#endif

/******************** MyPoint.cpp 源文件 ********************/
#include "MyPoint.h"
MyPoint::MyPoint(int x,int y){
    this->x = x;
    this->y = y;
}
int MyPoint::getX() const{
    return x;
}
int MyPoint::getY() const{
    return y;
}

/******************** 应用程序文件 main.cpp ********************/
#include <cmath>
#include <iostream>
#include "MyPoint.h"
using namespace std;

double dist1(MyPoint &p1,MyPoint &p2){
    double x = p2.x - p1.x;                         //友元可以直接访问对象的私有成员
    double y = p2.y - p1.y;
    return sqrt(x * x + y * y);
}
double dist2(MyPoint &p1,MyPoint &p2){              //dist2 是普通函数
    double x = p2.getX() - p1.getX();               //普通函数只能访问对象的公有成员
    double y = p2.getY() - p1.getY();
    return sqrt(x * x + y * y);
}
int main(){
    MyPoint p1(0,0),p2(1,1);
    cout << dist1(p1,p2)<<", "<< dist2(p1,p2)<< endl;
    return 0;
}
```

程序执行结果如下：

```
1.41421, 1.41421
```

在 MyPoint 类中，声明 dist1 函数为 MyPoint 类的友元函数，所以 dist1()函数可以直接访问 MyPoint 类对象中的私有成员。作为对比，dist2()函数因为不是 MyPoint 类的

友元函数,所以要想获取 p1 和 p2 对象中 x 和 y 的值,只能通过调用 MyPoint 类提供的公有成员函数 getX()和 getY()。

另一个类的成员函数也可以作为友元函数。在 MyPoint 类声明如下:

```
class MyPoint{
    private:
        int x,y;
    public:
        MyPoint(int x = 0,int y = 0);
        int getX() const;
        int getY() const;
        //声明 ManagerPoint 类的 distance 成员函数为 MyPoint 类的友元
        friend double ManagerPoint::distance(MyPoint &a, MyPoint &b);
};
ManagerPoint 类定义如下:
class ManagerPoint{
public:
    double distance(MyPoint &a, MyPoint &b);
};
double ManagerPoint::distance(MyPoint &a, MyPoint &b){
    double dx = a.x - b.x;
    double dy = a.y - b.y;
    return sqrt(dx * dx + dy * dy);
}
```

3.11.2 友元类

一个类 A 可以将另一个类 B 声明为自己的友元,类 B 的所有成员函数就自动成为类 A 的友元函数,都可以访问类 A 对象的私有成员。在类定义中声明友元类的格式如下:

```
friend class 类名;
```

例如:

```
class A{
    private:
        int a;
        friend class B;      //声明友元类,B 类的所有成员函数都能访问 A 类对象的私有成员
};
```

友元类虽然好用,但破坏了面向对象的封装特性,所以使用时一定要慎重。

3.12 类的设计要点

设计一个类,包括数据成员和成员函数的设计。数据成员的设计是确定类中应该设置哪些数据成员,以及确定它们的类型。成员函数的设计是确定类中应该设置哪些成员

函数，给它们分配职责，以及确定它们的返回类型及参数列表。

数据成员和成员函数的设计应注意以下九点。

(1) 类中的数据成员没有特殊情况都应该是私有的。这是最重要的，绝对不要破坏封装性。很多惨痛的教训告诉我们，数据的表示形式很可能会发生改变，但它们的使用方式却几乎不发生变化。当数据保持私有时，它们表示形式的变化不会对类的使用者产生影响，即使出现问题也易于检测。

(2) 类中的数据成员尽可能要少。因为当类实例化为对象时，每个对象中都有一份实例数据成员，都是要占内存的，而且对象中的数据成员的生命周期是与对象的生命周期是一样长的。如果发现类中的数据成员只有一个或两个成员函数访问，而且数据成员的意义不是很明确时，就可以考虑把这个数据成员去掉，变为使用它的成员函数中的局部变量。

(3) 类对象的数据成员一定要初始化。类对象的数据成员主要在参数构造函数中通过参数进行初始化，一般类中有几个数据成员，参数构造函数就带几个参数，通过这些参数给这些对应的数据成员赋初值。需要注意的是无参构造函数，很多时候类中也需要提供无参构造函数，而无参构造函数因为没有参数，所以不能通过参数给数据成员赋初值，这时就需要给数据成员一个默认值。否则，如果不给数据成员赋值，就会导致数据成员没有被初始化，使用对象时就可能因为数据成员没有正确的值而出错。

(4) 类中的数据成员不能相互依赖。在设计类中的数据成员时，可能会出现一个数据成员依赖另一个(一些)数据成员的情况。类的数据成员是来自类对象的属性，任何对象中都可能有若干属性，其中有一些属性依赖于其他属性，并且可以根据其他属性进行计算。在依赖属性中，需要选择最简单和最基本的属性。例如，圆形对象的属性有半径、面积和周长等，其中面积和周长可以通过半径计算出来，所以半径是最简单和最基本的属性，因此选择半径作为数据成员。

在依赖属性中选择多个属性可能会导致程序出错。当更改了一个属性，而忘记更改其他属性时，例如，如果同时选择了半径、面积和周长作为数据成员，在成员函数中更改了半径而没有同时更改面积和周长，将会导致圆对象的面积和周长错误，反之亦然。

(5) 不要在类中使用过多的基本类型数据成员。也就是说，用其他的类对象代替多个相关的基本类型数据成员的使用，这样会使类更加易于理解且易于修改。例如，用一个称为 Address 地址类的新的类对象替换一个 Customer 用户类中的 street、city、state 和 zip 等实例数据成员，这样可以很容易处理地址的变化。

(6) 不是所有的数据成员都需要设置访问器 getter()函数和更改器 setter()函数。给数据成员设置访问器 getter()函数和更改器 setter()函数应根据需要设置。例如，或许需要获取或设置雇员的薪金，但一旦构造了雇员对象，就应该禁止改变雇用日期，并且在对象中常常包含一些不希望别人获得或设置的实例数据成员，如在 Address 类中存放省份简称的数组。

(7) 类的对外接口应该是无冗余的。类的共有成员函数提供的服务应该避免重复，即一个成员函数提供的功能应该是原始的，也就是说，它提供的功能无法通过调用其他成员函数实现。在实现时可以引入一些辅助成员函数，但这些成员函数应该封装在这个类中(定义成 private 私有的),不提供给外部使用。

(8) 类名和成员函数名要能够体现它们的职责。与数据成员应该有一个能够反映其含义的名字一样,类名也应该如此。命名类名的良好习惯是采用一个名词(如 Student)、前面有形容词修饰的名词(FastVector)或动名词(有-ing 后缀)修饰名词(如 BillingAddress)。对成员函数来说,应当只使用动词的形式(如 draw),代表一个动作功能。习惯是访问器函数用小写 get 开头,更改器函数用小写 set 开头。

(9) 将职责过多的类进行分解。设计一个类时,尽量不要将太多不相干的功能放到一起。如果明显地可以将一个复杂的类分解成两个更为简单的类,就应该将其分解(注意不要走极端路线)。这样做是为提高类的内聚性。

3.13 类的设计实例

数组是一种常用的数据结构,它的优点是数组元素存储在连续的内存空间,使用下标访问数组元素,速度快,效率高,可以做到元素的随机访问。但是,数组也有很大的缺点,如定义数组变量时必须给出数组大小,而且定义后,数组大小不能改变,这样非常不灵活。针对数组的缺点,需要自定义一个整型数组类来消除数组的缺点。定义整型数组类对象时可以不给出大小,容量是随着添加元素自动增加的,使用起来灵活方便。

1. 整型数组类的设计

1) 数据成员的设计

因为数组元素的存放需要一个动态数组,在操作数组时需要知道当前有多少个元素和当前数组的大小,所以分别需要一个指向数组的整型指针数据成员、存储当前元素个数的整型数据成员和存储当前数组大小的整型数据成员。

2) 成员函数的设计

首先,需要向整型数组类对象中添加元素的成员函数;其次,返回指定下标元素的成员函数;再次,在遍历对象中元素时需要知道元素个数,所以需要一个返回元素个数的成员函数;最后,可以提供一些类的用户可能会用到的一些功能,如数组元素排序、求最大值和最小值等成员函数。

2. 整型数组类的实现

整型数组类的实现如例 3-9 所示。

【例 3-9】 自定义一个整型数组类。

```
/******************** MyIntArray.h 头文件 ********************/
#ifndef MYINTARRAY_H
#define MYINTARRAY_H
class MyIntArray{
    private:
        int *a;                          //指向数组的指针
```

```
        int count;                              //当前元素个数
        int size;                               //当前数组大小
    public:
        MyIntArray(int size = 5);               //默认数组大小为 5
        ~MyIntArray();
        void add(int element);                  //添加元素
        int get(int index) const;               //返回下标为 index 元素
        int length() const;                     //返回元素个数
        void sort();                            //排序
        int max() const;                        //返回最大值
        int min() const;                        //返回最小值
};

/********************** MyIntArray.cpp 源文件 **********************/
#include "MyIntArray.h"
MyIntArray::MyIntArray(int size){
    a = new int[size];                          //动态申请参数大小的堆内存
    this->size = size;
    count = 0;                                  //初始元素个数是 0
}
MyIntArray::~MyIntArray(){
    delete []a;
}
void MyIntArray::add(int element){
    if(count == size){                          //如果数组满了
        int *temp = a;                          //保存原先的数组的首地址
        size += 20;
        a = new int[size];                      //按新的大小重新申请数组空间
        for(int i = 0; i < count; i++){
            a[i] = temp[i];                     //把原先的数组元素复制到新数组中
        }
        delete []temp;                          //释放原先的数组空间
    }else{
        a[count++] = element;                   //把元素添加到数组中
    }
}
int MyIntArray::get(int index) const{
    return a[index];                            //返回下标为 index 元素
}
void MyIntArray::sort(){                        //使用冒泡法升序排序
    for(int i = 0; i < count - 1; i++){
        for(int j = 0; j < count - i; j++){
            if(a[j] > a[j + 1]){
                int t = a[j];
                a[j] = a[j + 1];
                a[j + 1] = t;
            }
        }
    }
}
```

```
int MyIntArray::length() const{
    return count;                                        //返回元素个数
}
int MyIntArray::max() const{
    int m = a[0];
    for(int i = 1; i < count; i++){
        if(m < a[i]){
            m = a[i];
        }
    }
    return m;
}
int MyIntArray::min() const{
    int m = a[0];
    for(int i = 1; i < count; i++){
        if(m > a[i]){
            m = a[i];
        }
    }
    return m;
}

/********************* 应用程序文件 main.cpp *********************/
#include "MyIntArray.h"
#include <iostream>
using namespace std;
int main(){
    MyIntArray array;                                    //定义对象(使用默认大小)
    for(int i = 10; i > 0; i--){
        array.add(i);                                    //给数组添加元素
    }
    cout <<"array 中的元素: ";
    for(int i = 0; i < array.length(); i++){
        cout << array.get(i)<<" ";                       //输出数组元素
    }
    cout << endl;
    cout <<"最大值: "<< array.max()<<", 最小值: "<< array.min()<< endl;
    array.sort();
    cout <<"排序后,array 中的元素: ";
    for(int i = 0; i < array.length(); i++){
        cout << array.get(i)<<" ";
    }
    cout << endl;
    return 0;
}
```

程序运行结果如下:

```
array 中的元素: 10 9 8 7 6 4 3 2 1
最大值: 10, 最小值: 1
排序后,array 中的元素: 1 2 3 4 6 7 8 9 10
```

作为一个通用类，这里只提供了部分成员函数，还不能满足用户的全部需要。要想设计得更完善一些，还应该添加一些成员函数，如向对象中插入元素、查找指定元素和删除指定元素等成员函数，这些就留给大家去练习实现了。

本章小结

类是面向对象中最基本的概念。类由数据成员和成员函数两部分组成。数据成员描述了一个类的基本特征，是对所要处理的实体的属性进行的抽象，成员函数提供了对这些数据成员的操作。类中成员的访问方式分为 public、protected 和 private 三种，不同的访问方式为类中的信息提供了不同程度的封装。通常，一个类的数据成员需要声明为 private 方式，这有利于类中信息的隐蔽。大多数的成员函数需要声明为 public 访问方式，这为外界访问一个对象的信息提供了可能。类中包含两个特殊的成员函数：构造函数和析构函数。构造函数的作用是初始化一个对象的数据成员，而析构函数的作用是在一个对象的生命周期结束后，用于清理堆内存。构造函数和析构函数的调用都是由系统自动进行的。静态成员隶属于整个类，在不生成类的对象的情况下，通过类名和类作用域运算符就可以引用。尽管静态成员为对象之间共享信息提供了便利，但在类设计时应该审慎地定义静态成员。如果用其他类的对象作为类的成员，则称为对象成员或子对象，这就是所谓的类组合。类组合代表了整体和部分关系，整体类与局部类之间松耦合，彼此相对独立且有更好的可扩展性。友元包括友元函数和友元类，它为外部引用类的信息提供了一种便捷方式，但这种便捷方式破坏了类的封装性和信息的隐蔽性，因此尽可能不要使用友元。最后，介绍了在进行数据成员和成员函数设计时应注意的一些事项。

上机实训

【实训目的】 学习组合的使用、子对象的初始化、构造函数和拷贝构造函数的作用。

【实训内容】 实现一个线段类 Line，数据成员是表示线段两个端点的点类 Point 子对象和线段的长度，成员函数包括参数构造函数、拷贝构造函数和线段长度的访问器 getter 函数。

```
/******************** Point.h头文件 ********************/
#ifndef POINT_H
#define POINT_H
class Point{
    private:
        int x,y;                        //点的 x 和 y 坐标
    public:
        Point(int,int);                 //参数构造函数
        Point(const Point&);            //拷贝构造函数
        int getX() const;
```

```
    int getY() const;
};
#endif

/******************** Point.cpp 文件 ********************/
#include "Point.h"
Point::Point(int x , int y){
    this->x = x;
    this->y = y;
}
Point::Point(const Point& p){
    x = p.x;
    y = p.y;
}
int Point::getX() const{
    return x;
}
int Point::getY() const{
    return y;
}

/******************** Line.h 头文件 ********************/
#ifndef LINE_H
#define LINE_H
#include "Point.h"
class Line{
    private:
        Point p1,p2;                    //线段的两个端点(子对象)
        double length;                  //线段的长度
    public:
        Line(Point,Point);              //参数构造函数
        Line(const Line&);              //拷贝构造函数
        double getLength() const;       //线段长度的访问器 getter()函数
};
#endif

/******************** Line.cpp 文件 ********************/
#include "Line.h"
#include <cmath>
Line::Line(Point p1,Point p2):p1(p1),p2(p2){    //子对象必须采用初始化列表的形式初始化
    double x = p1.getX() - p2.getX();
    double y = p1.getY() - p2.getY();
    length = sqrt(x * x + y * y);
}
Line::Line(const Line& line):p1(line.p1),p2(line.p2){
    length = line.length;
}
double Line::getLength() const{
    return length;
```

```
}

/******************** main.cpp 文件 ********************/
#include <iostream>
#include "Point.h"
#include "Line.h"
using namespace std;
int main(int argc, char ** argv) {
    Point m(0,0),n(1,1);
    Line line(m,n);                    //使用参数构造函数
    cout <<"line:"<< line.getLength()<< endl;
    Line line2(line);                  //使用拷贝构造函数
    cout <<"line2:"<< line2.getLength()<< endl;
    return 0;
}
```

程序运行结果如下：

```
line:1.41421
line2:1.41421
```

思 考 题

1. 下面的类定义中有一处错误，请指出错误所在并给出修改意见。

类定义 1：

```
class Point{
    private:
        int x, y;
    public:
        Point ();
        Point(int x = 0, int y = 0);
};
```

类定义 2：

```
class A {
    private:
        int a, b;
    public:
        A(int a = 0, int b);
};
```

类定义 3：

```
class B {
    private:
        int x, y;
```

```
    public:
        void A(int x, int y);
        int getX() const;
        int getY() const;
};
```

2. 假设有以下类的定义，请编写两个成员函数的定义。

```
class A {
    private:
        int x;
    public:
        A(int );
        A(const A&);
};
```

编　程　题

1. 为具有以下成员的 Person 类编写头文件、源文件，并编写应用程序文件进行 Person 类的使用测试。

(1) 数据成员为 name 和 age。

(2) 访问器成员函数 getName 和 getAge。

(3) 更改器成员函数 setName 和 setAge。

(4) 一个参数构造函数和一个析构函数。

2. 设计一个点类 MyPoint，有 x 坐标和 y 坐标两个数据成员。在 MyPoint 类中，定义一个返回两个点之间距离的成员函数 double distanceTo(const MyPoint & p)，它返回当前点对象和参数点对象的距离。在应用程序文件中，实现功能：输入两个点，输出这两个点之间的距离。

提示：MyPoint 类声明定义在 MyPoint. h 中，实现定义在 MyPoint. cpp 中。另外，只能在 main()函数中进行输入输出，其他函数所需要的数据要通过形参传入函数中，函数计算出的结果通过返回值返回给调用者。

3. 完善例 3-9，添加一些成员函数，如向数组对象中插入元素、查找指定元素和删除指定元素等成员函数。

第4章 继承和派生

教学提示

继承是面向对象的重要概念，是软件复用的一种重要方式，它允许通过特例化一个已有的类来定义一个新类。继承机制实现了代码重用和代码扩充，大大提高了程序开发的效率。本章主要介绍继承的基本知识，包括继承与派生、基类与派生类、函数重写、派生类的构造函数和析构函数、继承与组合等。

4.1 继承的概念

C语言通过函数库实现代码的可重用性，C++类提供了更高层次的代码可重用性，这就是继承(inheritance)，继承是类设计层次的复用。继承源于生物界，指后代能够传承前代的特征和行为。现实生活中也有继承，如子承父业，下一代继承上一代人的艰苦朴素、奋发向上、不屈不挠的优良传统等。继承机制是面向对象代码复用的重要手段，它允许程序员在保持原有类特性的基础上进行功能扩展，这样产生的新类，称派生类或子类；原有类称为基类、超类或父类。父类"派生"出子类，子类"继承"自父类。继承和派生是对同一个过程从不同角度的描述。

在C++语言中，一个派生类从一个基类继承，称为单继承；也可以从多个基类继承，称为多继承。多继承由于会带来逻辑上的混乱，所以不建议使用。后期出现的面向对象的程序设计语言，如Java和C#只有单继承。所以本书只介绍单继承。

一个基类可以派生出若干个派生类，而一个派生类又可以作为其他类的基类再进行派生，如此下去，形成类的继承树(inheritance tree)。例如，大学中有教师和学生，学生又可分为本科生和研究生，教师又可分为任课教师和教辅人员。将任课教师和教辅人员的共有特征和行为抽象为教师类；将本科生和研究生的共有特征和行为抽象为学生类；将学生和教师作为人的共有特征和行为抽象出来，形成人类，就得到如图4-1所示的继承树。继承树其实是一棵倒置的树，因为树根在上面。继承树中根类之下的类都直接或间接地从根类继承。

图4-1使用了统一建模语言(unified modeling language，UML)图符表示，图中空心三角形箭头指向基类。

通过继承，派生类拥有基类的所有数据成员和成员函数(有些成员例外)，并可以增加自己新的成员。具体来说，当从一个类中派生出新类时，派生类可以有如下几种变化。

(1) 增加新的数据成员。

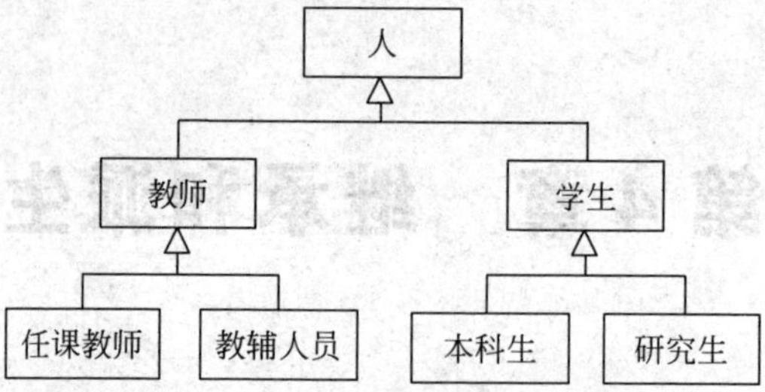

图 4-1 继承树

(2) 增加新的成员函数。

(3) 重新定义已有的成员函数。

(4) 改变基类成员在派生类中的访问权限。

但是,派生类不能继承基类的以下内容。

(1) 基类的构造函数和析构函数。

(2) 基类的静态数据成员和静态成员函数。

(3) 基类的友元。

4.2 继承的语法

C++中继承的语法如下:

```
class < 派生类名>:[继承方式]<基类名>{
    [派生类新增加的成员]
};
```

其中,继承方式可以是 public、protected 或 private,分别对应公有继承、保护继承和私有继承,如果省略继承方式,默认是私有继承。因为私有继承很少使用,所以需要显式定义继承方式,又因为保护继承几乎不用,所以一般定义为公有继承,例如:

```
class Student:public Person{
    … //新增加的成员
}
```

不同的继承方式会影响基类成员被派生类继承后在派生类中的访问权限,见表 4-1。

表 4-1 不同的继承方式下基类成员被派生类继承后在派生类中的访问权限

基类成员	继承方式		
	public 继承方式	protected 继承方式	private 继承方式
public 成员	派生类的 public 成员	派生类的 protected 成员	派生类的 private 成员
protected 成员	派生类的 protected 成员	派生类的 protected 成员	派生类的 private 成员
private 成员	在派生类中不可见	在派生类中不可见	在派生类中不可见

4.3 protected 访问权限

在派生类中定义新的成员或对基类的成员重定义时，往往需要用到基类的一些 private 成员，解决这个问题的一种办法是在基类中开放（声明为 public）这些成员，但这样就带来一个问题：数据保护的破坏，即当基类的内部实现发生变化时，将会影响子类用户和基类的实例用户。

为此，在 C++ 中引进了 protected 保护成员访问权限，在基类中声明为 protected 的成员可以被子类使用，但不能被基类的实例用户使用，这样缩小了修改基类的内部实现所造成的影响范围（只影响子类）。另外，在引进 protected 后，基类的设计者需要慎重地考虑应该把哪些成员声明为 protected，至少应该把今后不太可能发生变动的、有可能被子类使用的、不宜对实例用户公开的成员声明为 protected 访问权限。

【例 4-1】 保护成员的示例。

```
class A{
    private:
        int i;
    protected:
        int j;
    public:
        int k;
};
class B:public A{
    public:
        void f();
}
void B::f(){
    i = 1;                      //错误,基类的私有成员在派生类中不可见,无法直接访问
    j = 2;                      //正确,基类的保护成员在派生类中可以直接访问
    k = 3;                      //正确,基类的公有成员在派生类中可以直接访问
}
int main(){
    A a;
    a.i = 1;                    //错误,对象的私有成员无法访问
    a.j = 2;                    //错误,对象的保护成员无法访问
    a.k = 3;                    //正确,对象的公有成员可以访问
    return 0;
}
```

基类的保护成员被派生类公有继承后，在派生类中仍然是保护成员，所以在派生类的成员函数中可以直接访问。在类外通过对象名和点运算符“.”只能访问对象中的公有成员，无法访问对象中的私有成员和保护成员。

4.4 公有继承

尽管默认的继承方式是私有继承，但到目前为止最常见的是公有继承，其他两种继承方式很少使用。一些较新的面向对象的程序设计语言，如 Java，只有公有继承。所以，这里重点介绍一下公有继承。

在公有继承方式下，基类成员被派生类继承后，在派生类中的访问权限不变。基类中的公有或保护成员被派生类继承后，在派生类中仍然是公有或保护成员；基类的私有数据成员被派生类继承后，在派生类中不可见（或隐藏的），不能直接访问，需要通过调用基类的公有函数间接访问。

【例 4-2】 公有继承的示例。

```
/******************** 基类 Person 类的定义 ********************/
class Person{
    private:
        char name[20];                              //姓名
    public:
        const char * getName() const;
        void setName(const char * name);
};

/******************** 基类 Person 类的成员函数实现 ********************/
const char * Person::getName() const{
    return name;
}
void Person::setName(const char * name){
    strcpy(this->name,name);
}

/******************** 派生类 Student 类的定义 ********************/
class Student : public Person{
    private:
        int number;                                 //学号
    public:
        int getNumber const();
        void setNumber(int number);
        void print();
};

/******************** 派生类 Student 类的成员函数实现 ********************/
int Student::getNumber const(){
    return number;
}
void Student::setNumber(int number){
    this->number = number;
}
void Student::print(){
```

```
    cout <<"姓名: "<< getName()<<" ,学号: "<< number << endl;
}

/********************* main()函数实现 *********************/
int main(){
    Student stu;
    stu.setName("张三");                        //从 Person 类继承
    stu.setNumber(10);
    cout <<"姓名: "<< stu.getName();            //从 Person 类继承
    cout <<" , 学号: "<< stu.getNumber()<< endl;
    //也可以直接调用 stu.print();输出
    return 0;
}
```

派生类 Student 类从基类继承了一个数据成员 name,但由于 name 是基类的私有数据成员,在派生类 Student 中不可见(隐藏了),不能直接使用。因此,Student 类的 print()函数中要使用从基类继承的 getName()函数间接获取 name 的值,而不能直接访问 name。派生类 Student 从基类继承了 setName()和 getName()函数,因为是公有继承,setName()和 getName()函数在派生类 Student 中仍然是 public 访问权限。所以,在 main()函数中,可以通过 Student 类的对象直接调用 setName()和 getName()函数。

4.5　派生类的构造函数和析构函数

一个派生类对象实际上由两部分组成: 一部分是从基类继承而来的数据成员构成的基类子对象,另一部分是派生类新定义的数据成员。派生类新定义的数据成员的初始化由派生类的构造函数完成,基类子对象的初始化由基类构造函数完成。

4.5.1　派生类的构造函数给基类构造函数传参数

派生类的构造函数给基类构造函数传参数与给对象成员构造函数传参数一样,只能使用构造函数初始化列表的方式。初始化列表: 以一个冒号开始,接着是一个以逗号分隔的数据成员列表,每个“成员变量”后面跟一个放在括号中的初始值或表达式。如果在初始化列表中不给基类构造函数传参数,系统将隐式调用基类无参构造函数。系统在执行一个派生类的构造函数之前,总是先自动执行基类的构造函数。析构函数的执行顺序与构造函数的执行顺序正好相反。

【例 4-3】 派生类的构造函数给基类构造函数传参数示例。

```
/********************* 基类 Person 类的定义 *********************/
class Person{
    private:
        char * name;                            //姓名
    public:
        Person(const char * name);
        ~Person();
```

```
};

/********************* 基类Person类的成员函数实现 *********************/
Person::Person(const char * name){
    this->name = new char[strlen(name)+1]; //根据参数字符串长度申请动态堆内存
    strcpy(this->name,name);               //把参数字符串复制到name所指向的堆内存中
    cout <<"Person Constructing"<< endl;
}
Person::~Person(){
    delete []name;
    cout <<"Person Destructing"<< endl;
}

/********************* 派生类Student类的定义 *********************/
class Student : public Person{
    private:
        int number;                        //学号
    public:
        Student(const char * name,int number);
        ~Student();
};

/********************* 派生类Student类的成员函数实现 *********************/
//派生类的构造函数使用初始化列表的方式给基类构造函数传参数
Student::Student(const char * name,int number):Person(name){
    this->number = number;
    cout <<"Student Constructing"<< endl;
}
Student::~Student(){
    cout <<"Student Destructing"<< endl;
}

/********************* main()函数实现 *********************/
int main(){
    Student stu("张三",10);
    return 0;
}
```

程序执行结果如下：

```
Person Constructing
Student Constructing
Student Destructing
Person Destructing
```

Student类有两个数据成员，一个是从基类继承的name，另一个是Student类新定义的number。因此，Student类的构造函数带有两个参数，用来初始化name和numbe。其中，初始化name的参数应该传给基类的构造函数，让基类的构造函数去初始化。因此，Student类使用构造函数初始化列表的方式把参数name传给了基类Person的参数构造函数。Student类新定义的number在Student类的构造函数中初始化。

4.5.2 派生类的构造函数的进一步讨论

1. 构造函数和析构函数的调用顺序

如果派生类有对象成员的话，构造函数的调用顺序是：调用基类构造函数→调用对象成员的构造函数→执行派生类的构造函数。析构函数的执行顺序与构造函数的执行顺序正好相反。

【例 4-4】 构造函数的调用顺序示例。

```
/******************** A类的定义 ********************/
class A{
    public:
        A();
        ~A();
};

/******************** A类的成员函数实现 ********************/
A::A(){
    cout <<"Constructing A"<< endl;
}
A::~A(){
    cout <<"Destructing A"<< endl;
}

/******************** B类的定义 ********************/
class B{
    public:
        B();
        ~B();
};

/******************** B类的成员函数实现 ********************/
B::B(){
    cout <<"Constructing B"<< endl;
}
B::~B(){
    cout <<"Destructing B"<< endl;
}

/******************** C类的定义 ********************/
class C:public A{
    private:
        B b;                            //对象成员
    public:
        C();
        ~C();
};

/******************** C类的成员函数实现 ********************/
C::C(){
    cout <<"Constructing C"<< endl;
```

```
}
C::~C(){
    cout <<"Destructing C"<< endl;
}

/******************** main()函数实现 ********************/
int main(){
    C c;
    return 0;
}
```

程序执行结果如下:

```
Constructing A
Constructing B
Constructing C
Destructing C
Destructing B
Destructing A
```

A类是C类的基类,b是C类的对象成员,所以在构造c对象时,系统首先隐式、自动调用了A类的构造函数,然后调用了对象b所属类B的构造函数,最后执行了派生类C的构造函数。析构函数的执行顺序与构造函数的执行顺序正好相反。

2. 派生类的构造函数只负责直接基类的初始化

如果派生类的基类同时也是另外一个类的派生类,则每个派生类只负责它的直接基类的构造函数的调用。当派生类的直接基类只有带参数的构造函数,没有无参构造函数或默认参数构造函数时,它必须在构造函数初始化列表中向直接基类构造函数传参数。

【例4-5】 派生类的构造函数只负责直接基类的初始化示例。

```
/******************** A类的定义 ********************/
class A{
    private:
        int x;
    public:
        A(int x);
        ~A();
};

/******************** A类的成员函数实现 ********************/
A::A(int x){
    this->x = x;
    cout <<"Constructing A"<< endl;
}
A::~A(){
    cout <<"Destructing A"<< endl;
}

/******************** B类的定义 ********************/
class B:public A{
    public:
        B(int x);
```

```
        ~B();
};

/******************** B类的成员函数实现 ********************/
B::B(int x):A(x){
    cout <<"Constructing B"<< endl;
}
B::~B(){
    cout <<"Destructing B"<< endl;
}

/******************** C类的定义 ********************/
class C:public B{
    public:
        C(int x);
        ~C();
};

/******************** C类的成员函数实现 ********************/
C::C(int x):B(x){
    cout <<"Constructing C"<< endl;
}
C::~C(){
    cout <<"Destructing C"<< endl;
}

/******************** main()函数实现 ********************/
int main(){
    C c(2);
    return 0;
}
```

程序执行结果如下：

```
Constructing A
Constructing B
Constructing C
Destructing C
Destructing B
Destructing A
```

从运行结果可以看出，最远的基类的构造函数最先被调用。其过程如下：在 main() 函数中定义 c 对象时，将导致 C 的基类 B 的构造函数被调用；在调用 B 的构造函数时，由于 B 类从 A 类继承，所以先调用 A 类的构造函数，然后回溯到 A 类的派生类 B 类，最后回溯到 B 类的派生类 C 类。B 类和 C 类的构造函数是在回溯的过程中被调用的。

4.6　重写、重载基类成员函数与名字隐藏

派生类不但可以在基类的基础上添加新成员，还可以重写或重载基类的成员函数。函数重写也称函数重定义，是指派生类重新定义了基类的成员函数，也就是派生类定

义了与基类的某个成员函数声明(包括返回类型、函数名和参数列表)完全一样的成员函数。

函数重载是指派生类定义了与基类的成员函数名一样,但参数列表不同(参数个数或对应类型不同)的成员函数。函数重载不关心返回类型,返回类型可以一样,也可以不一样。但是,不允许定义函数名和参数列表一样,而只有返回类型不一样的两个函数。

需要指出的是,派生类对基类成员函数的重写或重载都会影响基类成员函数在派生类中的可见性,基类的同名成员函数在派生类中会被派生类重写或重载的同名函数所隐藏。

【例 4-6】 派生类对基类成员函数的重写和重载示例。

```
/******************** Base类的定义 ********************/
class Base{
    private:
        int x;
    public:
        void set(int x);
        void print();
};

/******************** Base类的成员函数实现 ********************/
void Base::set(int x){
    this->x = x;
}
void Base::print(){
    cout<<" x = "<<x<<endl;
}

/******************** Derived类的定义 ********************/
class Derived : public Base{
    private:
        int y,z;
    public:
        void set(int x,int y,int z);    //重载了基类的set()成员函数
        void print();                   //重写了基类的print()成员函数
};

/******************** Derived类的成员函数实现 ********************/
void Derived::set(int x,int y,int z){
    Base::set(x);                       //调用被隐藏的基类的set()成员函数
    this->y = y;
    this->z = z;
}
void Derived::print(){
    Base::print();                      //调用被隐藏的基类的print()成员函数
    cout<<" y = "<<y<<", z = "<<z<<endl;
}

/******************** main()函数实现 ********************/
int main(){
    Derived d;
    d.set(1,2,3);                       //调用Derived类重载的成员函数set()
```

```
    d.print();                  //调用 Derived 类重写的成员函数 print()
    //d.set(5);                 //错误,从基类继承的 set()成员函数被隐藏了,不能直接访问
    d.Base::set(5);             //访问被隐藏的基类函数需要加上基类名::
    d.Base::print();
    return 0;
}
```

程序执行结果如下：

```
x = 1
y = 2, z = 3
x = 5
```

派生类 Derived 重载了基类的成员函数 set(),重写了基类的成员函数 print()。由于基类的成员函数 set()和 print()在派生类 Derived 中被重载函数 set()和重写函数 print()所隐藏,所以在派生类 Derived 中不能被直接调用,需要在函数名前加上“基类名::”。在 main()函数中,通过 Derived 类对象访问时,也需要在函数名前加上“基类名::”。

4.7　基类和派生类的赋值兼容规则

派生类通过继承获得了基类成员的一份副本,这份副本构成了派生类内部的一个基类子对象。因此,基类对象与派生类对象之间存在一定赋值兼容性。不同类型的数据之间的自动转换和赋值,称为赋值兼容。基类与公有继承的派生类的赋值兼容包括以下几种情况。

(1) 可以把派生类对象赋值给基类对象。

(2) 可以把派生类对象的地址赋值给基类指针,即基类指针可以指向子类对象。

(3) 可以用派生类对象初始化基类引用,即基类引用可以指向子类对象。

反之则不允许,即不能把基类对象赋值给派生类对象,不能把基类对象的地址赋值给派生类指针,不能用基类对象初始化派生类引用。

原因是派生类内部的一个基类子对象,在进行上述三种赋值时,C++采用截取的方法从派生类对象中取出基类子对象。反之,基类对象中由于不包含派生类新定义的成员,所以赋值不兼容。

注意:基类指针或引用指向子类对象后,通过基类指针或引用只能访问派生类从基类继承的成员,不能访问派生类新定义的成员。

根据兼容规则,在基类(Base 类)的对象可以使用的任何地方,都可以用派生类(Derived 类)的对象来代替,具体表现在以下五个方面。

(1) 把派生类对象赋值给基类对象,即用派生类对象中从基类继承来的数据成员逐个赋值给基类对象的数据成员。例如,Derived 类从 Base 类公有继承,则

```
Base b;
Derived d;
b = d;                          //用派生类的对象 d 对基类对象 b 赋值
```

(2) 把派生类对象的地址赋给指向基类对象的指针(常见):

```
Derived d;
Base * bp = &d;            //把派生类对象的地址 &d 赋值给指向基类的指针 bp
```

(3) 用派生类对象初始化基类对象的引用:

```
Base b;
Derived d;
Base &br = d;            //定义基类的对象的引用 br,并用派生类的对象 d 对其初始化
```

(4) 如果函数的形参是基类对象或基类对象的引用,那么在调用函数时可以用派生类对象作为实参。例如,对于函数 void fun(Base &b),调用时可以使用派生类的对象 d 作为实参调用:fun(d)。

(5) 如果函数的形参是基类的指针,那么在调用函数时可以用派生类对象的地址作为实参。例如,对于函数 void fun(Base * bp),调用时可以使用派生类的对象 d 的地址作为实参调用:fun(&d)。

4.8 继承与组合

对象和类是 C++ 中的重要内容,对象(Object)是类(Class)的一个实例(Instance)。面向对象设计的重点是类的设计,而不是对象的设计。对于 C++程序而言,设计孤立的类是比较容易的,难的是正确设计基类及其派生类,这需要理解"继承"(Inheritance)和"组合"(Composition)的概念了。类的组合和继承都是软件重用的重要方式。但二者的概念和用法不同。

继承描述的是类与类之间的一般与特殊的关系,基类代表一般,子类代表特殊(子类比基类总是更具体一些),即如果 A 是 B 的一种,则允许 A 继承 B 的功能和属性。例如汽车是交通工具的一种,小汽车是汽车的一种,那么汽车类可从交通工具类继承,小汽车类可以从汽车类继承。

组合描述的是类与类之间的整体与部分的关系,即如果在逻辑上 A 是 B 的一部分,则允许 A 和其他数据成员组合成 B。例如,发动机、车轮、电池、车门、方向盘、底盘等都是小汽车的一部分,它们可以组合成汽车。

1. 继承

若在逻辑上 B 是 A 的一种(is a kind of),则允许 B 继承 A 的功能,它们之间就是 Is-A 关系。例如,男人(Man)是人(Human)的一种,女人(Woman)也是人的一种,那么类 Man 可以从 Human 类继承,Woman 类也可以从 Human 类继承。示例程序如下:

```
class Human{
    ...
};
class Man : public Human{
```

```
    …
};
class Woman : public Human{
    …
};
```

在 UML 的术语中，继承关系被称为泛化(Generalization)，类 Man 和 Woman 与类 Human 的继承关系如图 4-2 所示。

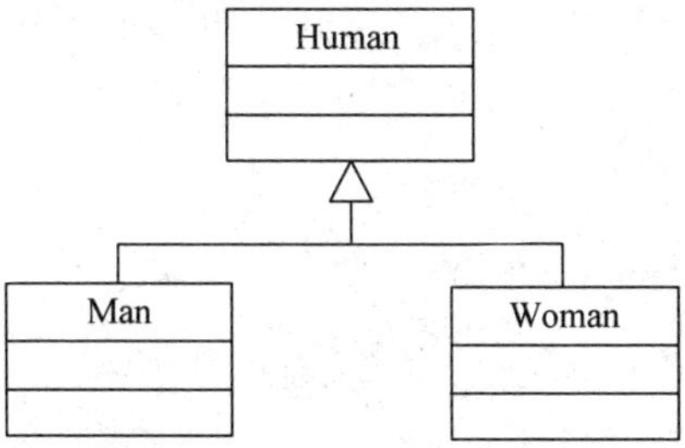

图 4-2　类 Man 和 Woman 与类 Human 的继承关系

继承在逻辑上看起来比较简单，但在实际应用上可能会出现意外。例如，在面向对象中著名的"鸵鸟不是鸟"和"圆不是椭圆"的问题。这样的问题说明了程序设计和现实世界存在逻辑差异。从生物学的角度，鸵鸟(ostrich)是鸟(bird)的一种，既然是 Is-A 的关系，类 COstrich 应该可以从类 CBird 继承。然而，鸵鸟不会飞，却从 CBird 那里继承了接口函数 fly，代码如下：

```
class CBird{
public:
    virtual void fly() ;                                //虚函数
        …
};
class COstrich : public CBird{
    …
};
```

"圆不是椭圆"同样存在类似的问题，圆从椭圆类继承了无用的长、短轴数据成员，所以更加严格的继承应该是：若在逻辑上 B 是 A 的一种，并且 A 的所有功能和属性对 B 都有意义，则允许 B 继承 A 的所有功能和属性。

类继承允许根据自己的实现来重写父类的实现细节，父类的实现对于子类是可见的，所以一般称为白盒复用。虽然继承易于修改或扩展那些被复用的实现，但这种白盒复用却容易破坏封装性，从而将父类的实现细节暴露给子类。

2. 组合

若在逻辑上 A 是 B 的"一部分"(a part of)，则不允许 B 继承 A 的功能，而是要用 A 和其他东西组合出 B，它们之间就是"Has-A 关系"。例如，眼(eye)、鼻(nose)、口(mouth)、耳(ear)是头(head)的一部分，所以类 Head 应该由类 Eye、Nose、Mouth、Ear 组合而成，不是派生而成。示例程序如下：

```
class Eye{
public:
    void Look();
};
class Nose{
public:
    void Smell();
};
class Mouth{
public:
    void Eat();
};
class Ear{
public:
    void Listen();
};
//类 Head 由类 Eye、Nose、Mouth、Ear 组合而成
class Head{
public:
    void Look() { m_eye.Look(); }
    void Smell() { m_nose.Smell(); }
    void Eat() { m_mouth.Eat(); }
    void Listen() { m_ear.Listen(); }
private:
    Eye m_eye;
    Nose m_nose;
    Mouth m_mouth;
    Ear m_ear;
};
```

在 UML 中，类 Head 与类 Eye、Nose、Mouth、Ear 的组合关系如图 4-3 所示。

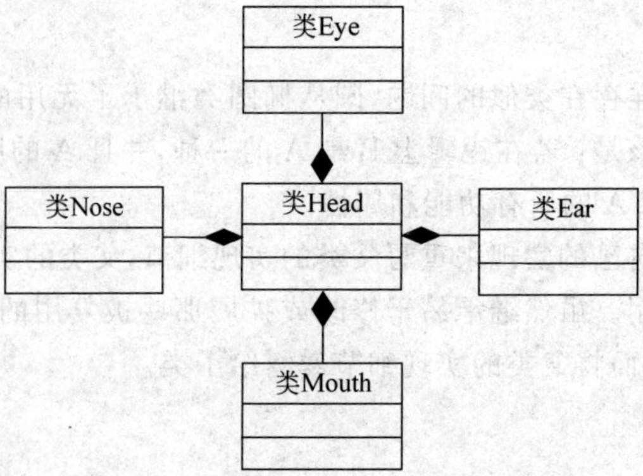

图 4-3　类 Head 与类 Eye、Nose、Mouth、Ear 的组合关系

图中实心菱形代表了组合关系，被包含类的生命周期受包含类控制，被包含类会随着包含类的创建而创建、消亡而消亡。组合属于黑盒复用，被包含对象的内部细节对外是不

可见的，所以它的封装性相对较好，实现上相互依赖比较小，并且可以通过获取其他具有相同类型的对象引用或指针，在运行期间动态地定义组合，而缺点就是致使系统中的对象过多。

综上所述，Is-A 关系用继承表示，Has-A 关系用组合表示。GoF(Gang of Four)在《设计模式：可复用面向对象软件的基础》(*Design Patterns*：*Elements of Reusable Object-Oriented Software*)中指出，面向对象设计的一大原则是：优先使用对象组合，而不是类继承。

本章小结

继承机制是面向对象代码复用的重要手段，它允许程序员在保持原有类特性的基础上进行功能扩展，这样产生的新类，称为派生类或子类；原有类称为基类、超类或父类。继承方式可以是 public、protected 或 private，分别对应公有继承、保护继承和私有继承，如果省略继承方式，默认是私有继承，而一般情况下定义为公有继承。在基类中声明为 protected 的成员可以被子类使用，但不能被基类的实例用户使用。派生类新定义的数据成员的初始化由派生类的构造函数完成，基类子对象的初始化由基类构造函数完成。派生类的构造函数给基类构造函数传参数与给对象成员构造函数传参数一样，只能使用构造函数初始化列表的方式。派生类不但可以在基类的基础上添加新成员，还可以重写或重载基类的成员函数。基类对象与派生类对象之间存在一定赋值兼容性，可以把派生类对象的地址赋值给基类指针，即基类指针可以指向子类对象。类的组合和继承都是软件重用的重要方式。优先使用对象组合，而不是类继承。

上机实训

【实训目的】 掌握单继承与类组合的结合使用，熟悉字符串类 string，熟悉 const 引用参数。

【实训内容】 定义一个类 Person(人员)和类 Student(学生)的层次结构。其中，生日定义为自定义日期类 Date 的对象，所有字符串类型可以用 C++提供的 string 类型。要求各类提供支持初始化的构造函数和显示自己成员的成员函数。编写主函数，测试这个层次结构，输出一个学生的相关信息。

```
/******************** Date.h头文件 ********************/
#ifndef DATE_H
#define DATE_H
class Date{
    private:
        int year,month,day;                //年、月、日
    public:
```

```
        Date(int,int,int);
        void print();
};
#endif

/********************* Date.cpp 文件 *********************/
#include "Date.h"
#include <iostream>
using namespace std;
Date::Date(int year,int month,int day){
    this->year = year;
    this->month = month;
    this->day = day;
}
void Date::print(){
    cout << year <<" - "<< month <<" - "<< day << endl;
}

/********************* Person.h 头文件 *********************/
#ifndef PERSON_H
#define PERSON_H
#include <string>                    //string 类所在头文件
#include "Date.h"
using namespace std;
class Person{
    private:
        string name;                 //姓名
        Date birthday;               //生日
    public:
        Person(const string&,const Date&);
        void print();
};
#endif

/********************* Person.cpp 文件 *********************/
#include "Person.h"
#include <iostream>
using namespace std;
Person::Person(const string& name,const Date& birthday):birthday(birthday){
    this->name = name;
}
void Person::print(){
    cout <<"name:"<< name << endl;
    cout <<"birthday:";
    birthday.print();
}

/********************* Student.h 头文件 *********************/
#ifndef STUDENT_H
```

```
#define STUDENT_H
#include "Person.h"
class Student:public Person{
    private:
        string id;                              //学号
        string theClass;                        //班级
    public:
        Student(const string&,const Date&,const string&,const string&);
        void print();
};

#endif

/********************* Student.cpp 文件 *********************/
#include "Student.h"
#include <iostream>
using namespace std;
Student::Student(const string& name,const Date& birthday,const string& id,const string&
theClass):Person(name,birthday){
        this->id = id;
        this->theClass = theClass;
}
void Student::print(){
    Person::print();                            //调用基类的 print()函数
    cout <<"id:"<< id << endl;
    cout <<"class:"<< theClass << endl;
}

/********************* main.cpp 文件 *********************/
#include "Student.h"
#include <iostream>
using namespace std;

int main(int argc, char ** argv) {
    Student student("Jack",Date(2020,10,10),"2020010101","rj2020");
    student.print();
    return 0;
}
```

程序执行结果如下：

```
name:Jack
birthday:2020-10-10
id:2020010101
class:rj2020
```

string 类是 C++提供的字符串类，与 C 风格的字符串不同，string 的结尾没有结束标志符 '\0'，可以使用赋值运算符"="直接赋值，例如：

```
string s = "hello";
```

当需要知道字符串长度时，可以调用 string 类提供的 length()函数，例如：

```
int len = s.length();
```

string 类重载了输入输出运算符，可以像对待普通变量那样对待 string 类型的变量，即用>>运算符进行输入，用<<运算符进行输出，例如：

```
cin >> s;             //输入字符串
cout << s << endl;    //输出字符串
```

本例中 Person 类和 Student 类的构造函数使用了 const string& 类型的参数。使用 const 类型的参数，是为了使参数在函数体中不能被修改。使用引用类型参数，是为了提高效率。当函数形参是类类型时，使用引用类型比对象类型效率高。

思　考　题

1. Son 类是 Father 类的派生类，那么 Father 类成员 one、two 和 show()对于 Son 类的可访问性怎样？

```
class Father{
    private:
        int one;
    protected:
        int two;
    public:
        void show();
};
```

2. 假设有以下三个类的定义，请为这三个类编写构造函数和打印函数的定义。

```
class First{
    private:
        int a;
    public:
        First(int a);
        void print() const;
};
class Second:public First{
    private:
        int b;
    public:
        Second(int a,int b);
        void print() const;
};
class Third:public Second{
    private:
        int c;
```

```
    public:
        Third(int a,int b,int c);
        void print() const;
};
```

编 程 题

1. 设计一个名为Square的正方形类,类中定义一个名为side的私有数据成员,表示正方形的边长,然后定义成员函数getArea(),返回正方形对象的面积,接着设计一个名为Cube的立方体类,要求Cube类继承Square类,Cube类不需要额外的数据成员,但需要成员函数getArea ()和getVolume () ,分别返回立方体对象的表面积和体积,并为这两个类提供适当的构造函数和析构函数。在应用程序文件中测试这两个类的使用。

2. 设计一个名为Rectangle的矩形类,该类包含两个私有数据成员length(长度)和width(宽度),为该类定义构造函数和析构函数,并定义获取面积的成员函数;然后定义一个名为Cuboid(长方体)的类,该类继承Rectangle类,并包含一个额外的数据成员height(高度);最后为Cuboid类定义构造函数和析构函数,并定义获取表面积和体积的成员函数。在应用程序文件中测试这两个类的使用。

第5章 多态性和虚函数

教学提示

本章主要介绍面向对象程序设计中的多态性及其实现技术，包括静态绑定、动态绑定和多态性的概念，虚函数的引入和作用以及如何实现多态性等内容。多态性是面向对象技术的三大特征技术之一。多态性使C++语言代码更加容易组织，同时还提高了程序的可扩充性和可读性。多态性涉及类与类之间的层次关系及类内部特定成员函数之间的关系，为程序设计提供了更好的灵活性和更高的问题抽象水平。

5.1 多态和绑定

多态性(polymorphism)是面向对象程序设计的重要特征之一，它使得设计和实现一个易于扩展的系统变得更加容易。

考虑设计一个通用的图形编辑器框架，增加一些表示音符、休止符和五线谱的新对象来构造一个乐谱编辑器。这个编辑器框架可能有一个工具选择栏用于将这些音乐对象绘制到[通过函数 draw()实现]乐谱中。工具选择栏中的每一个对象都可以接收到同样的绘制消息 draw()，但不同的对象所绘制出的形状显然是不同的。应该如何处理这样一个问题呢？一个很容易想到的解决方法就是在编辑器程序中使用 switch 或 if 语句，来判断当前选择的对象是哪一个，以决定绘制出的形状，然而这种方法存在很多缺陷。首先在软件开发完，进行测试时，必须测试其中的每一个分支和每一种对象类型，以保证类型和相应的形状是一致的。另外，当对编辑器升级，需要增加新的对象时，就必须修改编辑器程序，这违背了面向对象程序设计中应该遵循的“开闭原则”。开闭原则规定，软件中的对象(类、模块、函数等)对于扩展应该是开放的，但对于修改是封闭的。简而言之，就是应该在不(或基本不)修改原有代码的前提下，只是通过添加代码就可以修改原有功能或添加新的功能。开闭原则保证了程序的可维护性。

理想的解决方案是：当对不同的对象发出同样的命令[如 draw()]时，不同的对象会有不同的反应，这样就没有必要在主控程序中再去编写大量的判断语句。这就需要用到多态性。

简单地说，多态性是指具有相似功能的不同函数使用同一名称，从而可以用相同的调用方式调用具有不同功能的同名函数。在面向对象的程序设计语言中，多态性是指用同样的接口去访问功能不同的函数，从而实现“一个接口，多种方法”。

C++语言中的多态性通过绑定(binding)(也称联编)来实现。绑定是程序设计领域中一个重要的基础概念。简单地说，绑定就是指将函数调用与适当的函数原型相对应的过程。绑定分为以下两种。

(1) 静态绑定(static binding)：绑定过程发生在编译阶段。在编译过程中，系统就根据类型等特征来确定程序在函数调用过程中将要使用哪些对象，并能决定调用哪一个函数，然后生成能完成语句功能的可执行代码，因此又称为前期绑定(early binding)。函数重载就是静态绑定的典型实例。

(2) 动态绑定(dynamic binding)：绑定过程是在程序运行时动态完成的，因此又称动态联编或后期联编(late binding)。动态绑定发生在一个类族中。前面讲过，基类的指针或引用可以指向派生类对象。基类的指针或引用在指向派生类对象后，通过调用基类中声明的虚函数，就会动态绑定到派生类对象重写的虚函数上，根据基类的指针或引用指向的派生类对象的不同，就会绑定到不同派生类重写的虚函数版本上。因此，虽然通过基类的指针或引用调用相同的函数名，但执行结果会不同，这就是所谓的动态多态性。

静态绑定实现的多态称为静态多态性或编译时多态性，动态绑定实现的多态性称为动态多态性或运行时多态性。静态绑定与动态绑定相比，其优点是不占用运行时间，程序执行速度快，缺点是灵活性差。C++注重程序的执行效率，所以默认使用静态绑定。动态绑定需要在程序运行时才能确定所要引用的对象或者所要调用的函数，因此能够提供更好的灵活性和程序的可维护性。通常说的多态性指的是动态多态性。为了支持动态绑定，C++引入了虚函数，只有在通过基类的指针或引用调用基类中声明的虚函数时，才会采用动态绑定。

C++在实现不同的多态性时使用了不同的技术来完成。静态多态性：可以通过函数重载、运算符重载和模板实现。动态多态性：借助虚函数来实现。

5.2　虚　函　数

C++虚函数是为实现动态多态性而引入的，当通过指针或者引用调用某个虚函数时，编译器产生的代码直到运行时才能确定到底调用的是哪个版本的函数。被调用的函数是与绑定到指针或者引用上的对象的类型相匹配的相关函数。因此，借助虚函数，可以实现动态多态性。

5.2.1　虚函数的定义

用关键字 virtual 修饰的成员函数称为虚函数。virtual 关键字告知编译系统，被指定为 virtual 的函数采用动态联编的形式编译。

在类定义时，采用如下的格式将一个函数说明为虚函数：

```
virtual <类型名><函数名>(<参数列表>);
```

【例 5-1】 不使用虚函数的情形。

```
class Father{
    public:
        void f() {cout << "Father::f()";}
};
class Son : public Father{
    public:
        void f() { cout << "Son::f()"; }
};
int main(){
    Son son;
    Father * pf = &son;          //父类指针指向子类对象
    pf->f();                     //f()函数在 Father 类中不是虚函数,所以采用静态绑定
    return 0;
}
```

执行程序输出的结果如下：

```
Father::f()
```

因为 f()函数在 Father 类中不是虚函数，所以在主函数中通过 Father 类的 pf 指针调用 f()函数时采用静态绑定，也就是根据 pf 指针的静态类型来决定 f()函数是哪个类中的。指针有静态类型和动态类型两种，指针的静态类型是定义指针的类型，指针的动态类型是针所指向对象的类型。在这个例子中，pf 指针的静态类型是 Father 类，pf 指针的动态类型是 Son 类。所以，pf-> f()语句调用的是 Father 类中的 f()函数。

【例 5-2】 使用虚函数的情形。

```
class Father{
    public:
      virtual void f() {cout << "Father::f()";}        //f()函数是虚函数
};
class Son : public Father{
    public:
      void f() override{ cout << "Son::f()"; }        //override 表示重写父类的虚函数
};
int main(){
    Son son;
    Father * pf = &son;                              //父类指针指向子类对象
    pf->f();                           //f()函数在 Father 类中是虚函数,所以采用动态绑定
    return 0;
}
```

执行程序输出的结果如下：

```
Son::f()
```

因为 f()函数在 Father 类中是虚函数，所以在主函数中通过 Father 类的 pf 指针调用 f()函数时采用动态绑定，也就是根据 pf 指针的动态类型来决定 f()函数是哪个类中的。pf 指针的动态类型是 Son 类，所以 pf-> f()语句调用的是 Son 类中的 f()函数。

在 Son 类中，f()函数的函数头中增加了一个 override 关键字，override 是 C++ 11 标

准中的一个继承控制保留字,放在派生类成员函数参数列表后面,用来修饰函数。override 确保在派生类中声明的重写函数与基类的虚函数有相同的签名,在父类中有一个与之对应(形参、函数名、返回值都一致)的虚函数。override 表示重写父类的虚函数,一旦函数后面加了 override,编译器就会检查父类中是否有与子类中签名匹配的函数,如果没有,编译器会报错。

5.2.2 虚函数的特性

虚函数有以下七个特性。

(1) 一旦将某个成员函数声明为虚函数,它在继承体系中就永远为虚函数。

【例 5-3】 虚函数与继承。

```
class A {
    public:
        void f(){cout <<"...A"<< endl;};
};
class B: public A {
    public:
        virtual void f(){cout <<"...B"<< endl;}
};
class C: public B {
    public:
        void f() override{cout <<"...C"<< endl;}
};
class D: public C{
    public:
        void f () override{cout <<"...D"<< endl;}
};
int main(){
    A * pA, a;
    B * pB, b; C c; D d;
    pA = &a; pA -> f();        //调用 A::f
    pA = &b; pA -> f();        //调用 A::f
    pA = &c; pA -> f();        //调用 A::f
    pA = &d; pA -> f();        //调用 A::f
    return 0;
}
```

程序执行结果如下:

```
...A
...A
...A
...A
```

如图 5-1 所示,因为在 B 类中 f()函数定义为虚函数,所以从 B 类开始向下,在继承体系中的 C 类和 D 类中,f()函数都为虚函数。但在 A 类中 f()函数不是虚函数,因为虚函

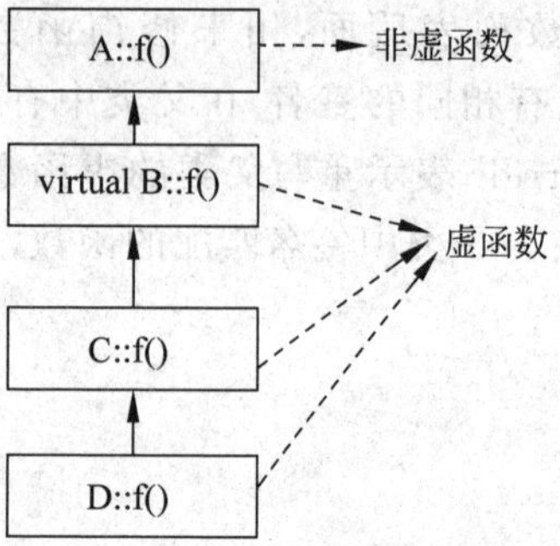

图 5-1 虚函数与继承

数特性只对在定义它之后的派生类有效，而对之前的基类没有任何影响。由于A类中f()函数不是虚函数，所以在主函数中4次通过A类指针pA调用f()函数，都是静态绑定，都只能调用A类中的f()函数。

(2) 如果基类定义了虚函数，当通过基类指针或引用指向派生类对象，然后调用基类中定义的虚函数时，将访问到它们实际所指对象中的派生类重写虚函数版本。

例如，若把例5-3中的main()的pA指针修改为pB，将会体现虚函数的特征。

```
int main(){
    A * pA,a;
    B * pB, b; C c; D d;
    //pB = &a; pB -> f();        //错误,派生类的指针不能指向基类对象
    pB = &b; pB -> f();          //调用 B::f()
    pB = &c; pB -> f();          //调用 C::f()
    pB = &d; pB -> f();          //调用 D::f()
    return 0;
}
```

程序执行结果如下：

```
...B
...C
...D
```

pB是B类的指针，而f()函数在B类中为虚函数，所以在继承体系中，f()函数在C类和D类中都为虚函数，所以通过pB指向C类和D类的对象，调用f()函数时，采用动态绑定，调用的是C类和D类中重写的f()函数。

(3) 只有当通过基类的指针和引用访问派生类对象的虚函数时，才能体现虚函数的特性。

【例 5-4】 只能通过基类的指针和引用才能实现虚函数的特性。

```
class B{
    public:
        virtual void f(){ cout << "B::f"<< endl; };
};
class D : public B{
    public:
        void f() override{ cout << "D::f"<< endl; };
};
int main(){
    D d;
    B * pB = &d, &rB = d, b;
    b = d;
    b.f();          //通过对象调用虚函数,采用静态绑定,调用 B::f()
    pB -> f();      //调用 D::f()
```

```
    rB.f();          //调用 D::f()
    return 0;
}
```

程序执行结果如下：

```
B::f
D::f
D::f
```

输出结果的第一行是 b.f()输出的，表明通过对象调用虚函数，采用静态绑定，调用的是 B 类中的 f()函数；后两行输出是通过 B 类的指针和引用调用的，采用的是动态绑定，实现虚函数的特性。

(4) 派生类中的虚函数要保持其虚特征，必须与基类虚函数的函数原型完全相同，否则就是普通的重载函数，与基类的虚函数无关。

【例 5-5】 基类 B 和派生类 D 都具有成员函数 f()，但它们的参数类型不同，因此不能体现函数 f()在派生类 D 中的虚函数特性。

```
class B{
    public:
        virtual void f(int i){ cout << "B::f"<< endl; };
};
class D : public B{
    public:
        int f(char c){ cout << "D::f"<< endl; }
};
int main(){
    D d;
    B * pB = &d, &rB = d;
    pB->f('1');
    rB.f('1');
    return 0;
}
```

程序执行结果如下：

```
B::f
B::f
```

这个结果表明，pB->f('1')和 rB.f('1')都只调用到了基类 B 中的 f()成员函数，没有调用到派生类 D 中定义的 f()成员函数。因为派生类 D 与基类 B 中定义的 f()成员函数具有不同的函数原型，所以它们是两个不同的成员函数。要让 D 中的 f()成员函数成为虚函数，就必须让它与 B 中定义的 f()成员函数具有相同的函数原型，即 D 中的 f()成员函数的原型必须是 void f(int i)。

(5) 当派生类通过从基类继承的成员函数调用虚函数时，将访问到派生类中的版本。

【例 5-6】 派生类 D 的对象通过基类 B 的普通函数 f()调用派生类 D 中的虚函数 g()。

```
class B{
```

```
public:
    void f(){ g(); }
    virtual void g(){ cout << "B::g"; }
};
class D : public B{
    public:
        void g() override{ cout << "D::g"; }
};
int main(){
    D d;
    d.f();
    return 0;
}
```

程序执行结果如下：

```
D::g
```

由于D类中没有重写f()函数，所以d.f()将调用从B类继承的B::f()函数，B::f()函数调用了成员函数g()，编译后void f(){ g(); }转变为void f(B * this){ this->g(); }，因为是通过对象d调用的B::f()函数，所以this是指向对象d的，而成员函数g()在B类中是虚函数，所以采用动态绑定，绑定了D类中的成员函数g()。

例如，分析下面程序的输出结果，理解虚函数的调用过程。

```
class B{
    public:
        void f () { cout << "bf "; }
        virtual void vf () { cout << "bvf "; }
        void ff () { vf(); f(); }
        virtual void vff () { vf(); f(); }
};
class D: public B{
    public:
        void f () { cout << "df "; }
        void ff () { f(); vf(); }
        void vf () override{ cout << "dvf "; }
};
int main(){
    D d;
    B * pB = &d;
    pB->f();pB->ff(); pB->vf(); pB->vff();
    return 0;
}
```

程序执行结果如下：

```
bf dvf bf dvf dvf bf
```

请结合前面介绍的虚函数特性，理解这个结果的产生过程。

(6) 只有类的非静态成员函数才能被定义为虚函数，类的构造函数和静态成员函数不能被定义为虚函数。原因是虚函数只有在继承层次结构中才能发生作用，而构造函数、静态成员是不能够被继承的。

(7) 内联函数也不能是虚函数。因为内联函数采用的是静态绑定的方式，而虚函数只有在程序运行时才与具体函数动态绑定，即使虚函数在类体内被定义，C++ 编译器也将它视为非内联函数。

5.3 虚析构函数

基类中的析构函数通常被定义为虚析构函数。假定使用 delete 和一个指向派生类的基类指针来销毁派生类对象时，如果基类析构函数不为虚函数，那么 delete 函数调用的就是基类析构函数，而不会调用派生类的析构函数，这将致使对象析构不彻底。

【例 5-7】 在非虚析构函数的情况下，通过基类指针对派生对象的析构是不彻底的。

```
class Father{
    public:
        ~Father(){ cout <<"call Father::~Father()"<< endl; }
};
class Son:public Father{
    private:
        char * buf;
    public:
        Son(int i){ buf = new char[i]; }
        ~Son(){
            delete []buf;
            cout <<"call Son::~Son()"<< endl;
        }
};
int main(){
    Father * p = new Son(10);
    delete p;
    return 0;
}
```

程序执行结果如下：

```
call Father::~Father()
```

指针 p 对派生类对象的销毁是不彻底的，因为派生类对象的析构函数没有被调用。分配给派生类对象的 buf 成员的动态存储空间没有被收回，造成了内存泄漏。

将类 Father 和 Son 的析构函数改为虚函数，即在析构函数～Father()和～Son()前面加上关键字 virtual：

```
class Father{
    ...
    virtual ~Father(){ ... }
```

```
};
class Son:public Father{
    ...
    virtual ~Son(){ ... }
};
```

当然,即使~Son()不加关键字 virtual,只要基类 Father 的析构函数定义成了虚函数,它仍然是虚函数。

程序执行结果如下:

```
call Son::~Son()
call Father::~Father()
```

这说明,当基类的析构函数被定义成虚函数时,销毁一个基类指针指向的派生类实例,先调用派生类的析构函数,再调用基类的析构函数。所以,如果一个类会被其他类继承,那么有必要将被继承的类(基类)的析构函数定义成虚函数。这样,当释放基类指针指向的派生类实例时,清理工作才能全面进行,不会发生内存泄漏。

5.4 纯虚函数和抽象类

虚函数的存在,使得我们可以充分利用多态性来灵活地开发程序,但有时简单地将一个基类的成员函数声明为虚函数还不够。例如,定义了一个图形类 Shape 和它的派生类圆类 Circle,并在 Shape 中定义了一个虚函数 area(),用于计算并返回面积。很显然,对于 Circle 类来说,面积是有意义的,可以根据半径计算出来面积。而对于一个抽象的图形类 Shape,面积是没有任何意义的,也是无法计算的,所以无法给出虚函数 area()的具体实现。为解决这个问题,可以将该虚函数定义为纯虚函数,强迫派生类必须在对它进行实现后方可使用。

5.4.1 纯虚函数

纯虚函数是一种特殊的虚函数。当在基类中没有办法给出一个成员函数的实现,而要求基类的各个派生类根据自己的需要给出一个实现时,就可以将该虚函数定义为纯虚函数。

声明一个成员函数为纯虚函数的语法为

```
virtual <类型> <函数名>(<参数列表>) = 0;
```

说明:

(1) 纯虚函数没有函数体。

(2) 纯虚函数声明中最后的"= 0"用于表明当前的函数为一个纯虚函数,不是函数的返回值,它只起形式上的作用,告诉编译系统这是纯虚函数。

(3) 由于纯虚函数只有原型,而没有函数体,因此不能被调用。

(4) 当在基类中声明一个纯虚函数后,派生类应该提供自己的实现版本,如果不提供,则该函数在派生类中仍然为纯虚函数。

(5) 纯虚函数也是虚函数,使用虚函数的所有有关事项也适合纯虚函数。

5.4.2 抽象类

包含纯虚函数的类称为抽象类。抽象类的特点如下。

(1) 抽象类不能创建任何实例。抽象类之所以抽象,是因为它无法实例化,也就是无法创建对象。原因很明显,纯虚函数没有函数体,不是完整的函数,无法调用,也无法为其分配内存空间。

(2) 抽象类有两个用途,一是被用来继承,二是可以定义抽象类类型的指针,指向子类对象。抽象类类型的指针在调用抽象类中的纯虚函数时,会动态绑定到所指向子类对象重写的纯虚函数版本上,从而实现多态性。抽象类可以作为某个类族的根类,为整个类族定义统一的接口,接口的具体实现是在派生类中给出,这种实现具有多态特性。

(3) 抽象类的派生类如果没有实现所有的纯虚函数,只给出了部分纯虚函数的实现,那么这个派生类仍然是抽象类,仍然不能实例化,只有给出了全部纯虚函数的实现,派生类才不再是抽象类,并且才可以实例化。

(4) 在抽象类中可以定义数据成员和给出已实现的成员函数。

抽象类的存在往往是从编程灵活性的角度考虑的。例如,要定义一个绘图工具类库,包括线条(Line)、圆(Circle)、矩形(Rectangle)等图元的绘制。虽然这些图元有着很大的差异,但它们也有共性的地方,如都有属性线宽,都包含函数 draw()和 move()等。此时,为了便于处理,就可以给这些图元类增加一个抽象的基类 Figure,用于定义各个图元类的公共函数和属性。这样,就可以在程序中以一种统一的接口来处理各个图元的绘制和移动等操作。

【例 5-8】 抽象类的示例。

```
class Figure{
    private:
        int lineWidth;                //线宽
    public:
        Figure(int lineWidth){
            this->lineWidth = lineWidth;
    }
    int getLineWidth() {
        return lineWidth;
    }
    //绘制函数是纯虚函数,留给子类去实现
    virtual void draw() = 0;
    //移动函数是纯虚函数,留给子类去实现
    virtual void move() = 0;
};
```

```
class Line:public Figure{
  public:
      Line(int lineWidth):Figure(lineWidth){}
      void draw override(){                      //重写纯虚函数,给出具体实现
          cout <<"画出线宽为"<< getLineWidth()<<"的直线"<< endl;
      }
      void move override(){                      //重写纯虚函数,给出具体实现
          cout <<"移动直线"<< endl;
      }
};
class Circle:public Figure{
    private:
    int radius;                                  //圆半径
  public:
    Circle(int lineWidth,int radius):Figure(lineWidth){
        this -> radius = radius;
    }
    void draw() override{                        //重写纯虚函数,给出具体实现
       cout <<"画出线宽为"<< getLineWidth()<<",半径为"<< radius <<"的圆形"<< endl;
    }
    void move() override{                        //重写纯虚函数,给出具体实现
       cout <<"移动圆形"<< endl;
    }
};
class Rectangle:public Figure{
    private:
     int length,width;                           //矩形的长和宽
    public:
     Rectangle(int lineWidth,int length,int width):Figure(lineWidth){
          this -> length = length;
          this -> width = width;
    }
    void draw() override{                        //重写纯虚函数,给出具体实现
        cout <<"画出线宽为"<< getLineWidth()<<",长度为"<< length <<",宽度为"<< width <<"
的矩形"<< endl;
    }
    void move() override{                        //重写纯虚函数,给出具体实现
        cout <<"移动矩形"<< endl;
    }
};
void showAndMove(Figure * figure){               //统一处理图元的函数
    //通过基类指针调用纯虚函数,会动态绑定到子类重写的版本上
    figure -> draw();
    figure -> move();
}
int main(){
    Line line(2);
    showAndMove(&line);
    Circle circle(3,5);
```

```
    showAndMove(&circle);
    Rectangle rectangle(2,3,6);
    showAndMove(&rectangle);
    return 0;
}
```

程序执行结果如下：

```
画出线宽为 2 的直线
移动直线
画出线宽为 3,半径为 5 的圆形
移动圆形
画出线宽为 2,长度为 3,宽度为 6 的矩形
移动矩形
```

5.5　多态性与开闭原则

开闭原则(open closed principle)是编程中最基础、最重要的设计原则。开闭原则规定,“软件中的对象(类、模块和函数等)应该对于扩展是开放的,但对于修改是封闭的”,这意味着一个实体是允许在不改变它的源代码的前提下变更它的行为。该特性在产品化的环境中是特别有价值的,在这种环境中,改变源代码需要代码审查、单元测试,以及诸如此类的用以确保产品使用质量的过程。遵循这种原则的代码在扩展时并不发生改变,因此无须上述过程。

遵循开闭原则设计出来的模块具有两个基本特征。

(1) 对于扩展是开放的(open for extension)：模块的行为可以扩展,当应用的需求改变时,可以对模块进行扩展,以满足新的需求。

(2) 对于更改是封闭的(closed for modification)：对模块行为扩展时,不必改动模块的源代码或二进制代码。

这两个特征看起来是相互矛盾的。扩展模块的行为通常需要修改该模块的源代码,而不允许修改的模块通常被认为是具有固定的行为。那么,如何在不修改模块源代码的情况下去修改它的行为呢？或者怎样才能在无须对模块进行改动的情况下就改变它的功能呢？

实现开闭原则的关键在于抽象化。在设计类时,对于拥有共同功能的相似类进行抽象化处理,将公用的功能部分放到抽象类中,而将不同的行为封装在子类中。这样,在需要对系统进行功能扩展时,只需要依据抽象类实现新的子类即可。下面通过一个简单例子讲解使用多态性实现开闭原则。

【例 5-9】 多态性与对象可插拔性的示例。

```
class Shape{                                    //抽象图形类
    public:
        virtual void draw() = 0;                //纯虚函数,留给子类实现
```

```
};
class Triangle:public Shape{                                  //三角形类
    public:
        void draw() override{
            cout <<"画出一个三角形"<< endl;
    }
};
void show(Shape * shape){                                     //统一显示图形的函数
    //基类指针通过调用纯虚函数,会动态绑定到子类重写的版本上
    shape->draw();
}
int main(){
    Shape * shape = new Triangle();
    show(shape);
    delete shape;
    return 0;
}
```

程序执行结果如下：

```
画出一个三角形
```

上面程序的功能是画出一个三角形，当然是示意性的。如果在软件的使用过程中，用户的需求发生变化了，即不需要画出一个三角形，而是需要画出一个圆形，这时如何修改原有功能呢？遵循开闭原则，要在不修改(或少修改)原来代码的基础上，通过添加代码改变原有功能，这时就可以利用多态性，做两件事情，一是在程序中添加一个圆形类：

```
class Circle:public Shape{                                    //圆形类
public:
    void draw() override{
      cout <<"画出一个圆形"<< endl;
    }
};
```

二是把主函数中的语句 Shape * shape=new Triangle()改为

```
Shape * shape = new Circle();
```

形象地说，就是拔出了 Triangle 对象，插入了 Circle 对象，这称为对象的可插拔性。此时程序执行结果就变为："画出一个圆形"。

如果过了一段时间用户的需求又发生了变化，不但需要画出一个圆形，还需要画出一个矩形，这时该如何添加新功能呢？还是需要做两件事情，一是在程序中添加一个矩形类：

```
class Rectangle:public Shape{                                 //矩形类
    public:
        void draw() override{
            cout <<"画出一个矩形"<< endl;
    }
};
```

二是在主函数中添加如下代码：

```
int main(){
    //Shape * shape = new Triangle();
    Shape * shape = new Circle();
    show(shape);
    delete shape;
    //下面是新添加的代码
    shape = new Rectangle();
    show(shape);
    delete shape;
    return 0;
}
```

程序执行结果如下：

```
画出一个圆形
画出一个矩形
```

这样，只是通过添加代码的方式就添加了新功能，而没有修改原有的代码，完全符合开闭原则。

本章小结

多态性是面向对象程序设计的重要特征之一，它使得设计和实现一个易于扩展的系统变得更为容易。动态多态性借助虚函数来实现。基类的指针或引用指向派生类对象后，通过调用基类中声明的虚函数，就会动态绑定到派生类对象重写的虚函数上，随着基类的指针或引用指向的派生类对象的不同，就会绑定到不同派生类重写的虚函数版本上，因此虽然通过基类的指针或引用调用相同的函数名，但执行结果会不同，这就是所谓的动态多态性。纯虚函数是一种特殊的虚函数。当在基类中没有办法给出一个成员函数的实现，而要求基类的各个派生类根据自己的需要给出一个实现时，就可以将该虚函数定义为纯虚函数。包含纯虚函数的类称为抽象类。抽象类可以作为某个类族的根类，为整个类族定义统一的接口，接口的具体实现在派生类中给出，这种实现具有多态特性。

上机实训

【实训目的】 能够通过虚函数实现动态绑定，从而实现动态多态性。

【实训内容】 设计一个 Person 类，派生出 Student 类和 Teacher 类，子类重写父类的虚函数 print()。设计一个自定义的集合类 MySet，MySet 类中有一个数组用于存储 Person * 类型元素。在测试程序中定义若干 Student 类对象和 Teacher 类对象，把指向这些对象的指针添加到集合类对象的 Person * 类型数组中,然后通过这些 Person * 类型指针调用虚函数 print()实现动态绑定,从而实现动态多态性。

```
/******************** Person.h 头文件 ********************/
#ifndef PERSON_H
#define PERSON_H
#include <string>
using namespace std;
class Person{
    private:
        string name;            //姓名
        int age;                //年龄
    public:
        Person(const string&, int);
        virtual void print();
};
#endif

/******************** Person.cpp 文件 ********************/
#include "Person.h"
#include <iostream>
using namespace std;
Person::Person(const string& name, int age){
    this->name = name;
    this->age = age;
}
void Person::print(){
    cout <<"name:"<< name << endl;
    cout <<"age:"<< age << endl;
}

/******************** Student.h 头文件 ********************/
#ifndef STUDENT_H
#define STUDENT_H
#include "Person.h"
class Student : public Person{
    private:
        string id;              //学号
        string theClass;        //班级
    public:
        Student(const string&, int, const string&, const string&);
        void print() override;  //重写基类的虚函数
};
#endif

/******************** Student.cpp 文件 ********************/
#include "Student.h"
#include <iostream>
using namespace std;
```

```
Student::Student(const string& name, int age, const string& id, const string& theClass):
Person(name,age){
        this->id = id;
        this->theClass = theClass;
}
void Student::print(){
    Person::print();              //调用基类的 print()函数
    cout <<"id:"<< id << endl;
    cout <<"class:"<< theClass << endl;
}

/******************** Teacher.h 头文件 ********************/
#ifndef TEACHER_H
#define TEACHER_H
#include "Person.h"
class Teacher : public Person{
    private:
        string special;           //专业
    public:
        Teacher(const string&,int,const string&);
        void print() override;    //重写基类的虚函数
};
#endif

/******************** Teacher.cpp 文件 ********************/
#include "Teacher.h"
#include <iostream>
using namespace std;
Teacher::Teacher(const string& name,int age,const string& special):Person(name,age){
    this->special = special;
}
void Teacher::print(){
    Person::print();              //调用基类的 print()函数
    cout <<"special:"<< special << endl;
}

/******************** MySet.h 头文件 ********************/
#ifndef MYSET_H
#define MYSET_H
#include "Person.h"
class MySet{                      //自定义的集合类
    private:
        Person** elements;        //指向 Person*类型的指针数组的指针
        int size;                 //集合大小
        int length;               //集合当前元素个数
    public:
        MySet(int size=100);
        ~MySet();
        bool add(Person*);        //向集合中添加元素
```

```
        void show();                //显示集合中所有元素
    };
    #endif

    /******************** MySet.cpp 文件 ********************/
    #include "MySet.h"
    #include <iostream>
    using namespace std;
    MySet::MySet(int size){
        this->size = size;
        length = 0;                 //初始集合中没有元素
        //动态申请大小为 size 的 Person* 类型的指针数组
        elements = new Person*[size];
    }
    MySet::~MySet(){
        delete []elements;
    }
    bool MySet::add(Person* p){
        if(length == size){         //如果集合满了
            return false;
        }else{
            elements[length++] = p;
            return true;
        }
    }
    void MySet::show(){
        //调用集合中所有元素的 print()函数
        for(int i = 0; i < length; i++){
            //通过基类指针调用虚函数会动态绑定
            elements[i]->print();
            cout <<"------------"<< endl;
        }
    }

    /******************** main.cpp 文件 ********************/
    #include "Student.h"
    #include "Teacher.h"
    #include "MySet.h"
    #include <iostream>
    using namespace std;
    int main(int argc, char** argv) {
        MySet mySet(10);
        Student stu1("Jack",20,"2020010101","rj2220");
        Student stu2("Tom",22,"2020010102","rj2020");
        Teacher tea1("Jim",40,"Computer");
        Teacher tea2("Join",50,"Math");
        mySet.add(&stu1);           //这里为了简单起见没有使用 add()函数的返回类型
        mySet.add(&stu2);
        mySet.add(&tea1);
```

```
    mySet.add(&tea2);
    mySet.show();
    return 0;
}
```

程序执行结果如下：

```
name:Jack
age:20
id:2020010101
class:rj2220
-------------
name:Tom
age:22
id:2020010102
class:rj2020
-------------
name:Jim
age:40
special:Computer
-------------
name:Join
age:50
special:Math
-------------
```

通过调用集合对象的 add()函数，把生成的四个子类对象放到自定义集合类对象中的基类指针数组中，然后调用集合对象的 show()函数，在 show()函数中通过基类指针调用虚函数 print()，动态绑定到实际指向子类对象的重写的 print()版本上，从而实现随着指向对象的不同，打印不同的结果，体现了动态多态性。

思　考　题

分析下列程序运行结果。

(1) 程序一：

```
class Base{
    public:
        virtual void showMessage() {
            cout <<"This is the base class"<< endl;
    }
};
class Derived:public Base{
    public:
        void showMessage() override{
            cout <<"This is the derived class"<< endl;
    }
};
```

```
int main(){
    Base * bp = new Base();
    bp->showMessage();
    bp = new Derived();
    bp->showMessage();
    return 0;
}
```

（2）程序二：

```
class A{
    public:
        virtual void func(int data){cout <<"class A: "<< data << endl;}
        void func(char * str){ cout <<"class A: "<< str << endl;}
};
class B:public A{
    public:
        void func(){cout <<"function in B without parameter!"<< endl;}
        void func(int data) override{ cout <<"class B: "<< data << endl;}
        void func(char * str) { cout <<"class B: "<< str << endl;}
};
int main(){
    A * pA;
    B b;
    pA = &b;
    pA->func(5);
    pA->func("Hello!");
    return 0;
}
```

编　程　题

定义一个抽象图形类 Shape,定义纯虚函数 area()和 perim()用以计算面积和周长。从 Shape 派生出 Rectangle(矩形)、Circle(圆形)具体派生类。程序中通过基类指针来调用派生类对象中的重写的纯虚函数,计算不同形状对象的面积和周长。

第 6 章　运算符重载

教学提示

运算符重载增强了 C++ 语言的可扩充性,使得程序的很多操作变得直观、自然。本章介绍如何将运算符作用于自定义类型的对象上,包括运算符重载的规则,如何使用成员函数或友元函数等方式实现单目运算符重载、双目运算符重载和赋值运算符重载等。

6.1　运算符重载概述

C++预定义的运算符的操作对象局限于基本的内置数据类型,但无法操作自定义的数据类型(类)。然而,多数情况下需要对自定义的类型进行类似的运算,这时就需要对运算符进行重载,赋予其新的功能,以满足相应需求。

6.1.1　为什么要重载运算符

C++语言预定义了丰富的运算符,如“+”“−”“*”和“/”等。但是,这些运算符只能用于内置数据类型的运算,不能用于自定义数据类型。例如,自定义了一个复数类 MyComplex,包括两个 double 类型的数据成员,分别为复数的实部和虚部:

```
class MyComplex {
    double real, imag;                          //复数的实部和虚部
    public:
        MyComplex(double real,double imag);
        void print();
};
```

假设有如下定义:

```
MyComplex a(1,2), b(3,4);
```

能够直接使用 a+b 计算两个复数的和吗?显然是不可以的。因为 C++预定义的运算符只能作用于基本的数据类型,不能直接将这些运算符作用于用户自定义的数据类型。要想利用运算符+计算两个复数的和,必须对运算符+进行重载,为其赋予能够计算复数的功能。

在 C++语言中,运算符是一种特殊的函数,因此也能够被重载。为一个类重载运算符后,就可以在程序中使用运算符表示该类对象的运算。使用运算符进行对象的运算比函

数调用的方式更加简洁、自然。在前面已经接触过很多运算符重载的例子。例如：

```
cout <<"Hello world!";
cout << 56;
```

在这里，同一个运算符“<<”完成了两种不同类型数据的输出，这就是通过对运算符“<<”重载的结果。运算符除可以用于操作标准数据类型的数据，也可以通过重载来操作类的对象。

6.1.2 运算符重载规则

运算符是C++语言系统内部提供的，每一个运算符都有自己的含义和优先级，因此对于运算符的重载需要遵循一定的规则。

1. C++ 语言中允许重载的运算符

C++语言中大部分运算符都可以重载，不允许重载的运算符有：“.”(点运算符)、“::”(域运算符)、“.*”(成员指针运算符)、“?:”(条件运算符)、sizeof 运算符。

其中，前两个运算符的功能是不允许改变的，运算符“::”和 sizeof 的运算对象是数据类型而不是变量或表达式。

2. 运算符重载不能改变运算符的优先级和结合性

C++语言内部已经规定了所有运算符的优先级。例如，“!”的优先级高于“&&”。无论运算符作用于什么对象，该优先级和结合性都不能改变。

3. 运算符重载不能改变运算符的操作数的个数

单目运算符只能包含一个操作数，双目运算符必须有两个操作数，不能试图通过运算符重载改变操作数的个数。某些运算符，如“-”和“*”，既是单目运算符，也是双目运算符，一次重载只能使用其中一种含义。

4. 运算符重载不能使用默认参数

与普通的函数重载不同，运算符重载时，不能使用默认的参数值，必须明确指出每一个操作数。

5. 运算符重载只能作用于自定义类型

运算符重载时，至少有一个操作数必须为自定义的类对象或类对象的引用，不能全部是C++语言的标准类型。

6. 不能建立新的运算符

只能重载现有运算符，而不能发明新的运算符。

7. 不能改变运算符的含义

每个运算符都有自己固定的含义，进行重载时不能改变它的含义。例如，运算符“+”用于表示两个数相加，不应该试图通过重载运算符“+”得出两个数相减的结果。

6.1.3　运算符重载的方式

运算符重载与函数重载是紧密联系的。如果要为一个类重载一个运算符，必须定义当该运算符应用到该类的对象时相应运算的含义。可以创建一个运算符函数来定义运算符的行为。为了能够操作对象的数据成员，进行重载时主要采用两种方式：成员函数方式和友元函数方式。

当作为成员函数进行重载时，它的左操作数必须是该成员函数所属类的一个对象，因为必须通过类的对象调用该类的成员函数。当左操作数是标准类型的变量或者是其他类的对象时，必须使用友元函数进行重载。不管使用哪种方式进行重载，在表达式中使用该运算符的格式都是一样的，但建议尽可能使用成员函数进行重载，因为这样可以保持类的封装性和信息的隐蔽性。某些运算符，如“()”“[]”“->”“=”、new 和 delete 必须使用成员函数的形式进行重载。复合赋值运算符，如“+=”(加赋值)、“-=”(减赋值)、“*=”(乘赋值)等，建议重载为成员函数。

对于有些运算符，如插入符“<<”和提取符“>>”的左操作数是流对象，因此只能被重载为友元函数。

此外，当需要保留某些运算符的交换性时，必须使用友元函数进行重载。如果希望程序中能够同时接受下面的语句：

```
obj1 = 1 + obj2;
```

和

```
obj1 = obj2 + 1;
```

此时，必须使用友元函数进行重载。因为在使用成员函数进行重载时，左操作数必须为类的对象，不能为基本类型。

通常，将单目运算符重载为成员函数，将双目运算符重载为友元函数。

6.2　双目运算符重载

双目运算符进行重载时，至少要有一个操作数是对象或对象引用。双目运算符可以采用非静态成员函数的方式进行重载，也可以使用友元函数的方式进行重载。当作为成员函数进行重载时，只能有一个操作数，另外一个操作数由调用该运算符的对象充当；当以友元函数的形式重载时，必须带有两个参数。

6.2.1 用成员函数重载双目运算符

当使用成员函数重载双目运算符时，原型为

```
<类型> operator @( <形参>) {
    函数体
}
```

其中，<类型>为运算符的运算结果所属类型，operator 是定义运算符重载函数的关键字，@为要重载的运算符。由于每个非静态成员函数都带有一个隐含的自引用参数——this 指针，因此形参表中的唯一的形参充当了双目运算符的右参数，左参数由调用该运算符的对象充当。可以用下面两种方式调用以类成员函数形式重载的双目运算符：

```
a @ b;                                          //隐式调用双目运算符@
a.operator@(b)                                  //显式调用双目运算符@
```

【例 6-1】 自定义复数类，并用成员函数的形式重载运算符"+"。

```
#include <iostream>
using namespace std;
class MyComplex {
        double real,imag;                       //复数的实部和虚部
    public:
        MyComplex(double real,double imag);
        MyComplex();
        MyComplex operator +(MyComplex &c);     //重载运算符"+"
        MyComplex operator +(double n);         //重载运算符"+"
        void print();
};
MyComplex::MyComplex():real (0),imag(0) {
}
MyComplex::MyComplex( double real,double imag):real(real),imag( imag) {
}
void MyComplex::print() {
    cout <<"( "<< real <<","<< imag <<" )"<< endl;
}
MyComplex MyComplex::operator +( MyComplex &c) {
    return MyComplex( this->real + c.real,this->imag + c.imag);
}
MyComplex MyComplex::operator +( double n) {
    return MyComplex( this->real + n,this->imag);
}
int main() {
    MyComplex c1(1,2),c2(3,4),c3;
    c3 = c1 + c2;                               //等价于 c3 = c1.operator(c2);
    c3.print();
    c1 = c1 + 1;                                //等价于 c1 = c1.operator(1);
    c1.print();
```

```
    return 0;
}
```

程序的运行结果如下：

```
( 4,6 )
( 2,2 )
```

类 MyComplex 重载了运算符“＋”，实现了两个复数的加法，以及复数和 double 数据的加法。它们在重载时只显式地声明了一个参数，这个参数是这些运算符的右操作数，左操作数是当前对象。

对于表达式 c1＋c2，由于运算符“＋”两端操作数类型都为 MyComplex 类型，所以编译器自动匹配 operator＋(MyComplex&c)，解释成：c1. operator＋(c2)。调用该函数时，实参 c2 传递给形参 c，c1 是当前对象，this 指针指向 c1。

对于表达式 c1＋1，编译器将自动匹配 operator＋(double n)。但是，该程序中不能出现以下表达式 1＋c1。如果希望程序能够处理诸如 1＋c1 这样左操作数为常数的表达式，就必须使用友元函数重载双目运算符。

6.2.2　用友元函数重载双目运算符

用友元函数重载运算符的原型为

```
friend <类型> operator @( <参数 1>,<参数 2>) {
    函数体
}
```

由于友元函数不是类的成员，没有 this 指针，因此对于二元运算符函数，需要声明两个形参。多数情况下，这两个参数的类型就是当前的类。可以用下面两种方式调用以友元形式重载的二元运算符：

```
a@b;                               //隐式调用二元运算符@
operator@(a,b)                     //显式调用二元运算符@
```

【例 6-2】　自定义复数类，并用友元函数的形式重载运算符“＋”。

```
#include < iostream >
using namespace std;
class MyComplex {
    private:
        double real, imag;              //复数的实部和虚部
    public:
        MyComplex(double real,double imag);
        MyComplex();
        friend MyComplex operator + (MyComplex& c1,MyComplex& c2);
        friend MyComplex operator + (MyComplex& c,double n);
        friend MyComplex operator + (double n,MyComplex& c);
        void print();
```

```
};
MyComplex::MyComplex():real (0),imag(0) {}
MyComplex::MyComplex( double real,doubleimag):real(real),imag(imag) {}
void MyComplex::print() {
    cout <<"( "<< real <<","<< imag <<" )"<< endl;
}
MyComplex operator + (MyComplex& c1,MyComplex& c2) {
    return MyComplex(c1.real + c2.real,c1.imag + c2.imag);
}
MyComplex operator + (MyComplex& c,double n) {
    return MyComplex(c.real + n,c.imag);
}
MyComplex operator + (double n,MyComplex& c) {
    return MyComplex(c.real + n,c.imag);
}
int main() {
    MyComplex c1(1,2),c2(3,4),c3;
    c3 = c1 + c2;                    //等价于 c3 = c1.operator(c2);
    c3.print();
    c1 = c1 + 1;                     //等价于 c1 = operator(c1,1);
    c1.print();
    c2 = 1 + c2;                     //等价于 c2 = operator(1,c2);
    c2.print();
    return 0;
}
```

程序的运行结果如下：

```
( 4,6 )
( 2,2 )
( 4,4 )
```

类 MyComplex 重载了运算符"+",实现了两个复数的加法,以及复数和 double 数据的加法。由于采用友元函数的方式进行重载,因此每个重载函数必须显式声明两个参数。

对于表达式 c1+c2,由于运算符+两端操作数类型都为 MyComplex 类型,所以编译器自动匹配 operator +(MyComplex &c1,MyComplex &c2),解释成 operator+(c1,c2)。

对于表达式 c1+1,编译器将自动匹配 operator+(MyComplex &c, double n),解释成 operator+(c1,1)。

对于表达式 1+c2,编译器将自动匹配 operator+(double n,MyComplex &c),解释成 operator+(1,c2)。

6.3 单目运算符重载

重载单目运算符的方法与重载双目运算符的方法是类似的。由于单目运算符只有一个操作数,因此该操作数必须是类的对象或对象的引用。

6.3.1 用成员函数重载单目运算符

当使用成员函数重载单目运算符时，原型为

```
<类型> operator @(){
    函数体
}
```

由于每个非静态成员函数都带有一个隐含的自引用参数 this 指针，对于一元运算符函数，不能再显式声明形参，所需要的形参由自引用参数提供。

【例 6-3】 用成员函数重载复数的一元负"－"运算符。

```
#include < iostream >
using namespace std;
class MyComplex {
    private:
        double real, imag;                      //复数的实部和虚部
    public:
        MyComplex(double real, double imag);
        MyComplex();
        MyComplex operator - ();                //重载负运算符
        void print();
};
MyComplex::MyComplex():real (0),imag(0) {}
MyComplex::MyComplex( double real,double imag):real(real),imag(imag) {}
void MyComplex::print() {
    cout <<"( "<< real <<","<< imag <<" )"<< endl;
}
MyComplex MyComplex::operator - () {
    return MyComplex( - real, - imag);
}
int main() {
    MyComplex c1(1,2);
    c1 = - c1;                                  //等价于 c1 = c1.operator - ();
    c1.print();
    return 0;
}
```

程序的运行结果如下：

```
( -1, -2 )
```

类 MyComplex 重载了运算符"-"，实现了复数的一元负运算符重载。由于采用了成员函数的方式重载，因此唯一的一个参数由调用该函数的对象提供。对于表达式-c1，编译器自动匹配 MyComplex operator -()，解释成 c1. operator -()。

6.3.2 用友元函数重载单目运算符

用友元函数重载单目运算符时需要一个参数，其形式为

```
friend <类型> operator @(<参数>){
    函数体
}
```

【例 6-4】 用友元函数重载复数的一元负运算符“-”。

```
#include <iostream>
using namespace std;
class MyComplex {
        double real, imag;                          //复数的实部和虚部
    public:
        MyComplex(double real,double imag);
        MyComplex();
        friend MyComplex operator - (MyComplex &c);      //重载负运算符
        void print();
};
MyComplex::MyComplex():real (0),imag(0) {
}
MyComplex::MyComplex( double real,double imag):real(real),imag(imag) {
}
void MyComplex::print() {
    cout <<"( "<< real <<","<< imag <<" )"<< endl;
}
MyComplex operator - (MyComplex &c) {
    return MyComplex(-c.real, -c.imag);
}
int main() {
    MyComplex c1(1,2);
    c1 = -c1;                                   //等价于 c1 = operator - (c1);
    c1.print();
    return 0;
}
```

程序的运行结果如下：

```
(-1,-2)
```

由于采用了友元函数的方式重载一元负运算符，因此需要一个参数作为操作数。对于表达式-c1，编译器自动匹配 MyComplex operator-(MyComplex &c)，解释成 operator -(c1)。

6.4 赋值运算符重载

赋值运算符用于同类对象间的相互赋值。赋值运算符只能被重载为类的非静态成员函数，不能被重载为友元函数。对于用户自定义的类而言，如果没有重载赋值运算符，那么 C++编译器会为该类提供一个默认的重载赋值运算符成员函数。默认赋值运算符的工作方式是按位对拷，将赋值运算符右侧对象的非静态成员复制给赋值运算符左侧对象相应的非静态成员。重载赋值运算符函数的权限必须是 public，否则会编译错误，因为用户

定义了重载赋值运算符函数,编译器就不会提供默认的重载赋值运算符成员函数。

通常情况下,编译器提供的默认重载赋值运算符函数能够解决对象间赋值的问题,但当类中含有指针数据成员时,会引起指针悬挂的问题,所以这种情况下有必要进行赋值运算符重载。

在 3.6.4 小节中曾经谈到"浅拷贝"和"深拷贝"问题。在例 3-3 中,类 Student 包含一个 int 型数据成员 number(学号)和一个 char * 型数据成员 name(姓名),考虑如下语句:

```
Student stu1(1,"张三"), stu2;
stu2 = stu1;
```

在执行赋值语句时,系统会自动将 stu1.number 赋值给 stu2.number,将 stu1.name 赋值给 stu2.name,如图 3-3 所示。由于 stu1.name 和 stu2.name 指向同一个存储单元,因此一旦 stu1 和 stu2 中的任何一个被释放,都会影响到另外一个,这就是"浅拷贝"。通常,在进行复制时需要进行"深拷贝",即令 stu1.name 和 stu2.name 指向不同的内存单元,这就需要对赋值运算符进行重载。

由于赋值运算符只能通过成员函数进行重载,而不能通过友元函数重载,因此在对赋值运算符重载时,应该具备如下结构:

```
<类名> & <类名>::operator = ( <形参 obj >){
if(this != &obj){
    delete dobj;                //释放引用者已经分配的动态存储空间(空间首地址 dobj)
    //使用 new 为引用者分配与形参 obj 对象同样大小的动态存储空间
    //将形参 obj 对象的动态存储空间中的数据
    //赋给引用者对象的 dobj 成员
    return * this;              //返回引用者对象
}
```

【例 6-5】 重载赋值运算符函数,实现深拷贝。

```
#include < cstring >
#include < iostream >
using namespace std;
class Student{
    private:
        int number;                                 //学号
        char * name;                                //姓名
    public:
        Student(int number,const char * name);     //参数构造函数
        Student& operator = (Student& s);          //赋值运算符重载函数
        ~Student();                                 //析构函数,清除对象时会自动调用
        void print();                               //用于输出对象的学号和姓名
};
Student::Student(int number,const char * name){
    this -> number = number;
    this -> name = new char[strlen(name) + 1]; /* 根据参数字符串长度申请动态内存,"+1"
                                               表示多申请一个字节,用来存放字符串结
```

```
                                              束标识'\0' */
    strcpy(this->name,name);           //把参数字符串复制到对象 name 指针指向的堆内存中
}
Student& Student::operator = (Student& s){
    if(this != &s){                    //避免把对象赋值给自己
        if(!name){
            delete[] name;             //释放原来的堆内存空间
        }
        number = s.number;
        name = new char[strlen(s.name) + 1]; /* 根据参数对象的 name 字符串长度申请动态
                                              内存,"+1"是多申请一个字节,用来存放字
                                              符串结束标识'\0' */
        strcpy(name,s.name); /* 把参数对象的 name 字符串复制到当前对象的 name 指针指向
                             的堆内存中 */
    }
}
Student::~Student(){
    delete[] name;                     //释放 name 指针指向的堆内存
}
void Student::print(){
    cout << number <<","<< name << endl;
}

int main(int argc, char** argv) {
    Student stu1(1,"张三"), stu2(2,"李四");
    stu2 = stu1;                       //调用赋值运算符重载函数
    stu2.print();
    return 0;
}
```

程序运行结果如下：

```
1,张三
```

类 Student 对赋值运算符进行了重载，实现了两个 Student 对象之间的“深拷贝”。函数 Student& operator =(Student& s)首先检测两个操作数是否为同一个对象，如果是，则直接返回。当不是自我赋值时，首先释放当前对象动态申请的空间 name，然后根据 s.name 的空间大小分配空间并复制字符串。这里，if(this != &s)语句是非常重要的。如果不进行检测，那么在自我赋值时，后面的语句 delete []name 会释放掉对象中动态分配的存储空间，对象状态就出错了。

在重载赋值运算符时，应该返回调用该运算符的对象的引用。通常，函数的返回值不能是局部变量或局部对象，this 可以解决这个问题。只要非静态成员函数在运行，this 指针就在作用域内。在本例中，重载赋值运算符函数返回一个 Student 对象的引用(表达式 * this)，通过对 this 的提取操作得到对象本身。例如，赋值语句：

```
stu2 = stu1;
```

函数返回 stu2 的引用。这样就能进行连续赋值操作。例如，下面的语句是正确的：

```
Student stu1(1,"张三"), stu2(2,"李四"), stu3(3,"王五");
stu3 = stu2 = stu1;                    //连续赋值操作
```

此时

```
stu1.number = stu2.number = stu3.number = 1;
stu1.name = stu2.name = stu3.name = "张三";
```

对于赋值运算符,还需要补充如下说明。

当为一个类的对象赋值(可以用本类对象为其赋值,也可以用其他类型的值为其赋值)时,该对象(如本例的 stu2)会调用该类的赋值运算符重载函数,进行具体的赋值操作。如上述代码中的 stu2＝stu1 语句,用 stu1 为 stu2 赋值,则会由 stu2 调用 Student 类的赋值运算符重载函数;而对于 Student stu2＝stu1 语句,在调用函数上是有区别的:stu2 在定义的同时进行初始化,是用 stu1 来初始化 stu2,此时调用的是拷贝构造函数,而不是赋值运算符重载函数。

6.5　几个典型运算符的重载

大多数的运算符都可以使用 6.2 节～6.4 节所述方法进行重载,下面介绍几个特殊运算符的重载。

6.5.1　＋＋和－－运算符重载

＋＋和－－运算符是单目运算符,它们又分为前缀形式和后缀形式两种,在重载时既可以用成员函数重载,也可以用友元函数重载。

用成员函数重载前缀＋＋运算符的格式为

```
<类型><类名>::operator ++();
```

此时,表达式＋＋a 可解释为 a.operator ＋＋()。

用成员函数重载后缀＋＋运算符的格式为

```
<类型><类名>::operator ++(int);
```

为了区分＋＋运算符的前缀运算和后缀运算,需要将后缀运算重载为双目运算符。后缀运算符中的参数起到一个占位符的作用,在函数体内并不使用,因此通常不必给出参数的名字。此时,表达式 a＋＋可等价看作 a＋＋(0),这可解释为 a.operator ＋＋(0)。

－－运算符的重载形式与＋＋运算符相同。

【例 6-6】 用成员函数的形式重载＋＋和－－运算符。

```
#include <iostream>
using namespace std;
class Time {
```

```
        int hour;                           //时
        int minute;                         //分
        int second;                         //秒
    public:
        Time();
        Time(int,int,int);
        Time operator ++();                 //前缀 ++ 运算
        Time operator ++(int);              //后缀 ++ 运算
        Time operator --();                 //前缀 -- 运算
        Time operator --(int);              //后缀 -- 运算
        void show();
};
Time::Time() {
}
Time::Time(int hour,int minute,int second) {
    this->hour = hour;
    this->minute = minute;
    this->second = second;
}
Time Time::operator ++() {
    if( ++second == 60) {                   //满 60 秒进 1 分钟
        second = 0;
        if( ++minute == 60) {               //满 60 分钟进 1 小时
            minute = 0;
            if ( ++hour == 24)              //满 24 小时清零
                hour = 0;
        }
    }
    return *this;
}
Time Time::operator ++(int) {
    Time t = *this;
    if( ++second == 60) {                   //满 60 秒进 1 分钟
        second = 0;
        if( ++minute == 60) {               //满 60 分钟进 1 小时
            minute = 0;
            if ( ++hour == 24)              //满 24 小时清零
                hour = 0;
        }
    }
    return t; //返回自增前的时间对象
}
Time Time::operator --() {
    if( --second<0) {                       //不足 0 秒退到前 1 分钟
        second = 59;
        if( --minute<0) {                   //不足 0 分退到前 1 小时
            minute = 59;
            if ( --hour<0)                  //不足 0 小时退到前 1 天
                hour = 23;
```

```
            }
        }
        return * this;
    }
    Time Time::operator --(int) {
        Time t =  * this;
        if( -- second < 0) {                  //不足 0 秒退到前 1 分钟
            second = 59;
            if( -- minute < 0) {              //不足 0 分退到前 1 小时
                minute = 59;
                if ( -- hour < 0)             //不足 0 小时退到前 1 天
                    hour = 23;
            }
        }
        return t;                             //返回自减前的时间值
    }
    void Time::show() {
        cout << hour <<":"<< minute <<":"<< second << endl;
    }
    int main() {
        Time t1(23,59,59),t2(12,0,0),t3;
        ++t1;
        t3 = t1++;
        t1.show();
        t3.show();
        -- t2;
        t3 = t2 -- ;
        t2.show();
        t3.show();
        return 0;
    }
```

程序运行结果如下：

```
0:0:1
0:0:0
11:59:58
11:59:59
```

主函数 main()中定义了三个 Time 类的对象 t1、t2 和 t3，由运行结果可以看出，系统对不同的“＋＋”语句和“－－”语句，对应了不同的函数原型。

用友元函数重载前缀＋＋运算符的格式为

```
<类型>< 类名>::operator ++( <类名> &);
```

用友元函数重载后缀＋＋运算符的格式为

```
<类型>< 类名>::operator ++(<类名> &,int);
```

同样，需要将后缀运算重载为双目运算符，后缀运算符中的第 2 个参数也起到占位符的作用,在函数体内并不使用。--运算符的重载形式与++运算符相同,在此不再赘述。

6.5.2 []运算符重载

对于一些容器类(如数组类、集合类和字符串类等),通常需要获得某个元素的值,可以通过为类定义专门的成员函数实现此功能,但更方便的做法是在容器类中重载下标运算符[]。

[]运算符只能重载为成员函数,而不能重载为友元函数。一旦在容器类中重载了[]运算符,就可以将该类当作数组进行处理,使用下标方式来存取其中的元素。[]运算符的重载格式通常为

```
<类型> & operator[ ](int);
```

该重载函数只能有一个参数用于表示下标。[]运算符必须能够出现在一个赋值操作符的左、右两侧。为了能在左侧出现它的返回值且是一个左值,可以把返回类型指定为一个引用。

重载[]运算符还有一个优点:C++语言中的数组不提供存取范围的检查,无法防止数据被存取到非法位置。但在重载[]运算符时,可以通过对下标检查来实现一种更为安全的数组类型。

【例 6-7】 重载[]运算符。

```
#include <cstring>
#include <iostream>
using namespace std;

class MyArray {
    private:
        int size;                    //数组大小
        int *array;                  //数组起始地址
    public:
        MyArray(int);
        int& operator[ ](int n);
        ~MyArray();
};
MyArray::MyArray(int size) {
    this->size = size;
    array = new int[size];
}
int& MyArray::operator[ ](int i) {
    if(i < 0 || i >= size) {         //下标越界检查
        cout <<"下标越界"<< endl;
        exit(1);
    }
    return array[i];
```

```
}
MyArray::~MyArray() {
    delete[] array;
    size = 0;
}

int main() {
    MyArray array(3);
    for(int i = 0; i < 5; i++) {
        array[i] = i;
    }
    cout <<" 输入所要查看元素的个数( 1~20): ";
    int index;
    cin >> index;
    for(int i = 0; i < index; i++) {
        cout <<"array["<< i <<"]" <<" = "<< array[i]<< endl;
    }
    return 0;
}
```

第 1 次运行结果：

```
输入所要查看元素的个数( 1 ~20): 3↙
array[0] = 0
array[1] = 1
array[2] = 2
```

第 2 次运行结果：

```
输入所要查看元素的个数( 1 ~20): 6↙
array[0] = 0
array[1] = 1
array[2] = 2
array[3] = 3
array[4] = 4
下标越界
```

类 MyArray 中对[]运算符进行了重载，为了能使[]出现在赋值号左侧，重载函数使用引用作为返回类型。为了防止存取不存在的元素，在重载时要对下标进行检查。

6.5.3 ()运算符重载

在 C++ 语言中，函数调用 func(arg1,arg2,...)被解释为 func. operator()(arg1,arg2,...)。

与[]运算符一样，()运算符必须重载为成员函数。由于它的参数不止一个，因此()运算符常常被看作是对[]运算符的扩展。当需要用 1 个以上的对象检索一个对象时，可以使用()运算符。

【例 6-8】 重载()运算符。

```
#include <cstring>
#include <iostream>
using namespace std;

class MyArray {
    private:
        int row;                                              //行数
        int col;                                              //列数
        int *array;                                           //数组起始地址
    public:
        MyArray(int,int);
        int& operator()(int,int);
        ~MyArray();
};
MyArray::MyArray(int row,int col) {
    this->row = row;
    this->col = col;
    array = new int[row*col];
}
int& MyArray::operator()(int i,int j) {
    if((i<0 || i>= row) || (j<0 || j>= col)) {            //下标越界检查
        cout<<"下标越界"<<endl;
        exit(1);
    }
    return array[i*row+col];
}
MyArray::~MyArray() {
    delete[] array;
    row = 0;
    col = 0;
}

int main() {
    MyArray array(5,5);
    for(int i = 0; i<5; i++)
        for(int j = 0; j<5; j++) {
            array(i,j) = i*j;
        }

    cout<<"输入所要查看元素的下标 i,j(1~20): ";
    int row,col;
    cin>>row>>col;
    cout<<"array("<<row<<","<<col<<")"<<" = "<<array(row,col)<<endl;
    return 0;
}
```

第 1 次运行结果：

```
输入所要查看元素的下标 i,j( 1 ~ 20): 3 4↙
array(3,4) = 12
```

第 2 次运行结果：

```
输入所要查看元素的下标 i,j( 1 ~ 20): 5 2↙
下标越界
```

本章小结

运算符重载是 C++语言静态多态性的表现之一，它使 C++语言的代码变得更加直观。在重载时，不能创造新的运算符，不能改变运算符操作数的个数，也不能改变运算符原有的优先级和结合性。尽管从技术上讲，可以对运算符进行任意重载，但为了不发生混淆，尽可能不要改变运算符原有的语义。

C++语言中大多数的运算符都是可以重载的，但有 5 个运算符不允许重载，它们是“.”“.*”“::”“?:”和 sizeof。

运算符重载时，可以采用成员函数的形式，也可以采用友元函数的形式。成员函数的形式能够较好地保持类的封装性，尤其当运算符的左操作数是类对象时必须用成员形式进行重载，如“[]”“=”“()”和“->”。某些情况下必须通过友元函数重载，如当左操作数为其他类的对象(典型的运算符为“<<”和“>>”)或运算符需要实现交换律时。运算符函数的返回值可以是对象(包括标准类型的变量)和对象引用，当需要运算符出现在赋值运算的左侧时，必须为对象引用。

上机实训

【实训目的】 掌握用成员函数、友元函数重载运算符。

【实训内容】 自定义一个字符串类 MyString，重载相关的运算符。

```
/********************* MyString.h 头文件 *********************/
#ifndef MYSTRING_H
#define MYSTRING_H
#include <iostream>
using namespace std;
class MyString {
    public:
        MyString();
        MyString(int length);
        MyString(const char* str);
        MyString(const MyString &another);          //拷贝构造函数
        MyString& operator=(const MyString& another);
        char& operator[](int index);
        bool operator==(MyString& another);
```

```
        bool operator!= (MyString& another);
        MyString operator + (const MyString& myString);
        ~MyString();
        //下面是输入输出运算符重载函数
        friend ostream& operator <<(ostream &cout, MyString& myString);
        friend istream& operator >>(istream &cin, MyString& myString);
    private:
        int length;                                     //字符串对象中实际字符个数
        char * str;                                     //实际存储字符串的字符数组首地址
};
#endif

/******************** MyString.cpp 文件 ********************/
#include "MyString.h"
#include <cstring>
using namespace std;

MyString::MyString(){
    this->length = 0;
    this->str = NULL;
}

MyString::MyString(int length){
    this->length = length;
    this->str = new char[length];
    //用'\0'初始化字符数组
    memset(this->str, 0, length);
}
MyString::MyString(const char * str){
    if (str == NULL){
        this->length = 0;
        this->str = new char[1];
        strcpy(this->str, "");
        return;
    }
    this->length = strlen(str);
    this->str = new char[this->length + 1];
    strcpy(this->str, str);

}
MyString::MyString(const MyString& another){
    this->length = another.length;
    this->str = new char[this->length+1];
    strcpy(this->str, another.str);
}

MyString & MyString::operator = (const MyString & another){
    //防止自身赋值
    if (this == &another){
```

```
        return * this;
    }
    //如果自身原来有空间,先释放
    if (this -> str != NULL){
        delete[] this -> str;
        this -> str = NULL;
        this -> length = 0;
    }

    //新开辟空间进行内容备份
    this -> length = another.length;
    this -> str = new char[this -> length + 1];
    strcpy(this -> str, another.str);
    return * this;
}

char& MyString::operator[](int index){
    return (this -> str[index]);
}

bool MyString::operator == (MyString & another){
    if (this == &another){
        return true;
    }
    if (this -> length != another.length){
        return false;
    }
    if (strcmp(this -> str, another.str) != 0){
        return false;
    }
    return true;
}

bool MyString::operator!= (MyString & another){
    return !( * this == another);
}

MyString MyString::operator + (const MyString& another){
    int len = this -> length + another.length + 1;
    MyString str1(len);
    strcat(str1.str, this -> str);
    strcat(str1.str, another.str);
    return str1;
}

MyString::~MyString(){
    if (this -> str != NULL){
        delete[] this -> str;
        this -> str = NULL;
```

```
        this -> length = 0;
    }
}

ostream & operator <<(ostream & cout, MyString & myString){
    if(myString.str!= NULL)
        cout << myString.str;
    return cout;
}

istream & operator >> (istream & cin, MyString & myString){
    //如果原来有字符串,将其清空
    if (myString.str != NULL){
        delete[ ] myString.str;
        myString.str = NULL;
        myString.length = 0;
    }
    //输入长度未知,用临时变量接收,然后备份
    char temp[1024] = { 0 };
    cin >> temp;
    int len = strlen(temp);
    myString.length = len;
    myString.str = new char[len + 1];
    //注意:如果目标空间大于或等于源字符串,strcpy会复制到\0
    strcpy(myString.str, temp);
    return cin;
}

/******************** main.cpp 文件 ********************/
#include "MyString.h"
#include <iostream>
using namespace std;
int main() {
    MyString str1("hello");                    //构造函数
    MyString str2("world");                    //构造函数
    MyString str3 = str1;                      //调用拷贝构造函数
    cout <<"str3 = "<< str3 << endl;
    str3 = str2;                               //调用赋值运算符
    cout <<"str3 = "<< str3 << endl;
    MyString str4 = str1 + str2;
    cout <<"str4 = "<< str4 << endl;
    cout <<"str4[0] = "<< str4[0]<< endl;
    MyString s1("aaa");
    MyString s2("aaa");
    cout <<"s1 = " << s1 << ",s2 = "<<
        s2 <<",s1 == s2:" << boolalpha << (s1 == s2) << endl;
    return 0;
}
```

程序运行结果如下:

```
str3 = hello
str3 = world
str4 = helloworld
str4[0] = h
s1 = aaa,s2 = aaa,s1 == s2:true
```

(1) memset 函数是内存赋值函数,用来给某一块内存空间赋值。其原型为

```
void * memset(void * _Dst, int_Val, size_t _Size)
```

其中,_Dst 是目标起始地址,_Val 是要赋的值,_Size 是要赋值的字节数。

(2) 输入/输出运算符重载函数将在第 9 章详细介绍。

思　考　题

下面的类 Complex 定义中有错误,请指出并改正。

```
class Complex {
    double real;
    double imag;
    public:
        Complex(double r = 0.0,double i = 0.0):real(r),imag(i) {}
        void show() {
            cout << real <<( imag >= 0? '+':'-')<< fabs(imag)<< 'i';
        }
        friend Complex& operator += (Complex c1,Complex c2) {
            c1.real += c2.real;
            c1.imag += c2.imag;
            return c1;
        }
};
int main() {
    Complex c(3,5);
    c += Complex(2,3);
    c.show();
    return 0;
}
```

编　程　题

在 C++语言中,分数不是预先定义的。试建立一个分数类,使之具有下述功能:能防止分母为 0、当分数不是最简形式时进行约分及避免分母为负数。用重载运算符完成加法、减法、乘法及除法等四则运算,并在应用程序文件中进行测试。

第7章 异常处理

教学提示

C++的异常处理机制能将异常检测与异常处理分离，当异常发生时，能自动调用异常处理程序进行错误处理。异常处理机制增加了程序的清晰性和可读性，使程序员能够编写出清晰、健壮、容错能力更强的程序，适用于大型软件开发。本章主要介绍C++异常处理的语言机制，包括异常的结构、捕捉和处理以及自定义异常类。

7.1 异常处理概述

所谓异常是指程序运行时发生的意外情况。例如，在一系列计算过程中，出现除数为0的情况；内存空间不够，无法实现指定的操作；因无法打开输入文件而无法读取数据；输入数据时数据类型有错等。

在设计程序时，应当事先分析程序运行时可能出现的各种意外情况，并且分别制订出相应的处理方法。传统程序处理异常的典型方法是不断测试程序继续运行的必要条件，并对测试结果进行处理。形式如下：

```
执行任务 1
    if 任务 1 未能被正确执行
        执行错误处理代码
执行任务 2
    if 任务 2 未能正确执行
        执行错误处理代码
执行任务 3
...
```

这样做的缺点是错误处理代码分布在整个程序的各个部分，使程序受到了错误处理代码的“污染”，大量的错误处理代码和程序功能代码混合在一起，使原本简单的程序变得晦涩难懂。

另外，当传统错误处理技术检查到一个局部无法处理的问题时，函数就返回一个表示错误的值(很多系统函数都是这样，如 malloc()函数，在因内存不足而分配失败时，返回NULL 指针)。调用者通过 if 等语句测试返回值来判断是否成功。这样做有如下几个缺点。

(1) 增加的条件语句可能会带来更多的错误。

(2) 条件语句是分支点，会增加测试难度。

(3) 构造函数没有返回值,返回错误代码是不可能的。

(4) 函数的返回值容易被粗心的程序员忽略。

(5) 函数的返回值只有一个,通过函数的返回值表示错误代码,那么函数就不能返回其他的值。

异常处理的基本目的是处理以上问题,基本思想是:将问题检测和问题处理相分离。当一个函数出现异常时,它可以抛出一个异常对象,然后由该函数的调用者捕获并处理这个异常对象;如果调用者不能处理,它可以将该异常继续抛给其上一级的调用者处理;如果程序始终没有处理这个异常,最终它会被传到 C++运行环境,运行环境捕获后通常只是简单地终止这个程序。异常处理的基本原则是在合适的地方处理异常。异常处理机制使得正常代码和错误处理代码被清晰地划分开来,程序变得非常干净且容易维护。

使用异常处理的优点如下。

(1) 函数的返回值可以忽略,但异常不可忽略。如果程序出现异常,但没有被捕获,程序就会终止,这在某种程度上会促使程序员开发出来的程序更健壮一点。而如果使用函数返回值,调用者都有可能忘记检查,从而没有对错误进行处理,结果造成程序莫名其妙地终止或出现错误的结果。

(2) 整型返回值没有任何语义信息。而异常却包含语义信息,从异常类名就能够体现出来。

(3) 整型返回值缺乏相关的上下文信息。异常作为一个类可以拥有自己的成员,这些成员就可以传递足够的信息。

(4) 异常处理可以在调用时跳级。这是一个代码编写过程中的问题:假设在有多个函数的调用栈中出现了某个错误,使用整型返回码要求在每一级函数中都要进行处理。而使用异常处理的栈展开机制,只需要在一处进行处理就可以了,不需要每级函数都处理。

7.2　C++异常处理基础

7.2.1　C++异常处理结构

C++语言中针对异常处理提供了三个关键字,分别为 try、catch 与 throw。C++应用程序通过这三个关键字的机制组合来实现异常的处理。当出现异常时,throw 用来发出(也称为抛出)一个异常信息;把可能会抛出异常的语句放在 try 后的语句块(简称 try 块)中;catch 则用来捕捉异常信息并在 catch 后的语句块(简称 catch 块)中处理。

try-catch 语句的结构为

```
try {
    可能会抛出异常的语句
} catch(异常类型 1 [变量名]) {
    针对异常类型 1 进行异常处理的语句
```

```
}catch(异常类型 2 [变量名]) {
    针对异常类型 2 进行异常处理的语句
}
...
}catch(异常类型 n [变量名]) {
    针对异常类型 n 进行异常处理的语句
}
```

throw 语句用于抛出异常,它的语法如下:

```
throw exception;
```

exception 是异常对象,它可以是任何类型的表达式,包括类对象。注意,throw 抛出的是 exception 的副本,备份到一个临时对象里,然后将其抛出,该异常对象能够被 catch 捕获和处理。

关于异常处理有以下九点说明。

(1) 把可能出现异常、需要检查的语句或程序段放在 catch 块中。

(2) try-catch 语句是一条语句,catch 块是 try-catch 结构中的一部分,必须紧跟在 try 块之后,不能单独使用,在二者之间也不能插入其他语句。

(3) try 和 catch 块中必须有用花括号括起来的复合语句,即使花括号内只有一个语句,也不能省略花括号。

(4) 一个 try-catch 结构中只能有一个 try 块,但却可以有多个 catch 块,以便与不同的异常信息匹配。

(5) 如果 try 块的所有语句都被正常执行,没有发生任何异常,那么 try 块中就不会有异常被抛出。在这种情况下,程序将忽略所有的 catch 块,就像 catch 块不存在一样。

(6) 如果在执行 try 块的过程中,某条语句产生错误并用 throw 抛出了异常,则程序控制流程将从该 throw 子句转移到 catch 块,try 块中该 throw 语句之后的所有语句都不会再被执行了。当一个 catch 匹配后,就会执行相应的 catch 块,然后结束 try-catch 语句。也就是说,后面的 catch 将会被略过。

(7) catch 后面的圆括号中可以只写异常信息的类型名,如 catch(double),catch 只检查所捕获异常信息的类型。异常信息可以是 C++系统预定义的标准类型,也可以是用户自定义的类型(如结构体或类)。如果由 throw 抛出的信息属于该类型或其子类型,则 catch 与 throw 二者匹配,catch 捕获该异常信息。

(8) catch 还可以有另外一种写法,即除了指定类型名,还指定变量名,如 catch (double d),此时如果 throw 抛出的异常信息是 double 型的变量 a,则 catch 在捕获异常信息 a 的同时,还使 d 获得 a 的值,或者说 d 得到 a 的一个副本。

(9) 当函数中用 throw 抛出异常信息或调用的函数中用 throw 抛出的异常信息时,首先在本函数中寻找与之匹配的 catch,如果在本函数中无 try-catch 结构或找不到与之匹配的 catch,就转到其上一层调用者去处理;如果其调用者也无 try-catch 结构或找不到与之匹配的 catch,则再转到更上一层调用者的 try-catch 结构去处理;如果到程序最上层也无匹配的 catch,那么系统就会调用一个终止函数,使程序终止运行。

下面的例子可以简单地演示异常处理的执行情况。需要注意的是，在实际编程时，一般不会在一个函数的 try 块中用 throw 抛出异常，然后在 catch 块中捕获异常，这里只是为了演示异常发生后的执行流程。

【例 7-1】 异常处理的简单示例。

```
#include <iostream>
using namespace std;
int main(){
    cout <<"1.before try block"<< endl;
    try{
        cout <<"2.Inside try block"<< endl;
        throw 1;
        cout <<"3.After throw"<< endl;
    }catch(int i) {
        cout <<"4.In catch block1 exception.errcode is:"<< i << endl;
    }catch(char * s) {
        cout <<"5.In catch block2 exception.errcode is:"<< s << endl;
    }
    cout <<"6.After Catch"<< endl;
        return 0;
}
```

程序运行结果如下：

```
1.before try block
2.Inside try block
4.In catch block1 exception.errcode is:1
6.After Catch
```

7.2.2　异常抛出及捕获

异常抛出及捕获可以在同一个函数中，但一般来说，发生异常的函数并不适合处理所发生的异常。本着在最合适的地方处理异常的原则，如果发生异常的函数自己无法处理或不适合处理发生的异常情况，它应该抛出异常，让调用者去捕获和处理。下面来看一个例子：

【例 7-2】 异常抛出及捕获的简单示例。

```
#include <cmath>                                        //sqrt()函数所在头文件
#include <iostream>
using namespace std;
//根据边长计算三角形的面积的函数
double triangleArea(double a,double b,double c) {
    if (a+b<=c || b+c<=a || c+a<=b) throw 1;           //当不符合三角形条件时抛出异常
    double s = (a+b+c)/2;
    return sqrt(s * (s-a) * (s-b) * (s-c));
}
```

```
int main(){
    double a,b,c;
    do{
        cout <<"请输入三角形三边长: "<< endl;
        cin >> a >> b >> c;
        try {                          //在 try 块中包含要检查的函数
            cout <<"面积: "<< triangleArea(a,b,c)<< endl;
        } catch(int){                  //用 catch 捕捉异常信息并做相应处理
            cout <<"a = "<< a <<",b = "<< b <<",c = "<< c <<",构不成三角形!"<< endl;
        }
    }while(a > 0 && b > 0 && c > 0);
    return 0;
}
```

triangleArea()函数的功能是计算给定三边的三角形面积,并返回面积值。但是,当给定的三边不能构成三角形时,triangleArea()函数无法计算并返回面积值,triangleArea()函数也不能直接输出错误信息(因为它不和用户直接交互),所以它自己无法处理这种异常情况,应该抛出异常让调用者去处理。相比于 triangleArea()函数,main()函数更适合处理这个异常,因为 main()函数对这个异常信息了解得更多。triangleArea()函数只知道三角形的边长(是调用者通过参数传给它的),其他的一概不知。而 main()函数知道三角形的边长是用户输入的,而且 main()函数可以和用户进行交互,所以它可以给用户输出一个出错信息,告诉用户三角形的边长有问题,可以让用户重新输入。所以,在这个例子中,triangleArea()函数在发生异常时抛出异常,由调用者 main()函数来捕捉并处理。

7.2.3 异常捕获及匹配

异常捕获由 catch 完成,catch 必须紧跟在与之对应的 try 块后面。如果异常被某个 catch 块捕获,程序将执行该 catch 块中的代码,之后将结束 try-catch 语句,继续执行 try-catch 块后面的语句;如果异常不能被任何 catch 块捕获,它将被传递给系统的异常处理模块,程序将被系统异常处理模块终止。

catch 根据异常的数据类型捕获异常,如果 catch 参数表中异常声明的数据类型与 throw 抛出的异常的数据类型相同,该 catch 块将捕获异常。

注意:catch 在进行异常数据类型的匹配时,不会进行数据类型的默认转换,只有与异常的数据类型精确匹配的 catch 块才会被执行。

【例 7-3】 catch 捕获异常时,不会进行数据类型的默认转换。

```
#include < iostream >
using namespace std;
int main(){
    cout <<"1.before try block"<< endl;
    try{
        cout <<"2.Inside try block"<< endl;
        throw 1;
        cout <<"3.After throw"<< endl;
```

```
    } catch(double i) {                          //仅此与例 7 - 1 不同
        cout <<"4. In catch block1 exception.errcode is:"<< i << endl;
    }catch(char * s) {
        cout <<"5. In catch block2 exception.errcode is:"<< s << endl;
    }
    cout <<"6. After Catch"<< endl;
    return 0;
}
```

运行结果如图 7-1 所示。

图 7-1　运行结果

在例 7-3 中，throw 1 抛出的是一个 int 类型(1 是 int 类型常量)的异常，而 catch (double i)只能捕获 double 类型的异常。函数的实参和形参匹配时，如果 int 类型实参精确匹配失败，能把 int 自动转换成 double 类型再进行匹配，而异常 catch 匹配是不进行转换的，所以例 7-3 中没有适当的 catch 能够捕获 try 块中抛出的异常。因此，该异常最后只能由系统的异常处理模块处理，系统异常处理模块就终止了该程序的执行。

7.3　C++异常处理的特殊情况

7.3.1　限制函数抛出的异常类型

当一个函数声明中不含任何异常声明时可以抛出任何异常，例如：

```
void fun ();                              //能抛出任何类型的异常
```

C++允许限制函数能够抛出的异常类型，限制方法是在函数声明的后面添加一个 throw 参数表，在其中指定函数可以抛出的异常类型，例如：

```
void fun () throw(int,char);
```

函数 fun()被限定为只能抛出 int 和 char 类型的异常，当函数 fun()抛出其他类型的异常时，程序将被异常终止。

如果不允许函数抛出任何异常，只需指定 throw 参数表为空，例如：

```
void fun () throw();                    //参数表为空，函数 fun()不能抛出任何异常
```

【例 7-4】 设计函数 fun()，限制它只能抛出 int、char 和 double 类型的异常。

```
#include <iostream>
using namespace std;
void fun(int n) throw(int,char,double){
    if(n == 1) throw 1;
    if(n == 2) throw 'c';
    if(n == 3) throw 1.0;
}
int main(){
    try{
        fun(3);
    } catch(int i){
        cout <<"catch an integer..."<< endl;
    } catch(char c){
        cout <<"catch an char..."<< endl;
    } catch(double d){
        cout <<"catch an double..."<< endl;
    }
    return 0;
}
```

程序运行结果如下：

```
catch an double...
```

函数 fun()被限制只能抛出 int、char 和 double 类型的异常。当在函数中抛出这三种异常之外的其他异常时，程序将被异常终止。

虽然 C++标准规定了上述限制函数异常的方法，但一些 C++编译器并未严格遵守这一标准（如 Visual C++ 2010）。

7.3.2 捕获所有异常

在一般情况下，catch 用于捕获某种特定类型的异常，但也可以捕获全部异常。其格式如下：

```
catch(...){
    ... //异常处理代码
}
```

虽然 catch 参数表中的省略号可以匹配任何异常类型。但是，通常情况下尽量不要

这样做,而是应该细化异常的捕获和处理。

【例 7-5】　设计函数 fun(),使其可以捕获任何异常类型。

```
#include<iostream>
using namespace std;
void fun(int n) throw(){
    try{
        if(n==1) throw 1;
        if(n==2) throw 'c';
        if(n==3) throw 1.0;
    }catch(...){
        cout<<"catch an exception..."<<endl;
    }
}
int main(){
    fun(1);
    fun(2);
    fun(3);
    return 0;
}
```

程序运行结果如下:

```
catch an exception...
catch an exception...
catch an exception...
```

7.3.3　重新抛出异常

有可能单个 catch 不能完全处理一个异常,此时在进行了一些处理工作之后,需要将异常重新抛出,由函数调用链中更上层的函数来处理。由 throw 语句重新抛出,throw 后不跟表达式或类型。

throw 将重新抛出异常对象,它只能出现在 catch 或 catch 调用的函数中。

被重新抛出的异常是原来的异常对象,不是 catch 形参。该异常类型取决于异常对象的动态类型,而不是 catch 形参的静态类型。例如,具有基类类型形参的 catch 在重新抛出时,可能实际抛出的是一个派生类对象。

只有当异常说明符是引用时,改变 catch 中的形参,才会传播到重新抛出的异常对象中。

【例 7-6】　在异常处理块中重新抛出异常。

```
#include<iostream>
using namespace std;
void fun(int n) throw(int){
    try{
        if(n == 1) throw 1;
        cout<<"all is OK..."<<endl;
```

```
    }catch(int i){
        cout <<"catch an exception in fun..."<< endl;
        throw;
    }
}
int main(){
    try{
        fun(1);
    }catch(int i){
        cout <<"catch an exception in main..."<< endl;
    }
    return 0;
}
```

程序运行结果如下：

```
catch an exception in fun...
catch an exception in main...
```

7.4 异常与类

7.4.1 对象的成员函数抛出异常

对象的生命周期一般有三种状态，即构造、运行和析构，因此对象抛出的异常也有这三种区别。在对象构造时抛出、对象运行时抛出或析构对象时抛出的异常将会产生不同的结果。本节首先讨论最常见的一种情况——在对象运行时抛出的异常，即在执行对象的成员函数时出现的异常。

【例 7-7】 对象的成员函数抛出的异常。

```
#include <iostream>
#include <string>
using namespace std;
class MyTest{
private:
    string name;
public:
    MyTest (string name = "") : name(name){
        cout <<"构造一个 MyTest 类型的对象,对象名为: "<< name << endl;
    }
    virtual ~ MyTest (){
        cout << "销毁一个 MyTest 类型的对象,对象名为: "<< name << endl;
    }
    void func(){
        throw std::exception();          //抛出一个标准异常类 exception 类的对象
    }
```

```
    void other() {cout << "调用了 other 函数"<< endl;}
};
int main(){
    try{
        MyTest obj1("obj1");
        MyTest obj2("obj2");
        /* 调用 func()这个成员函数将抛出一个异常,注意 obj1 和 obj2 的析构函数会被执行
        吗?如果会,那么会在什么时候被执行呢? */
        obj1.func();
        obj1.other();
    }catch(std::exception e){
        cout <<"异常信息: "<< e.what() << endl;          //输出异常信息
    }
    cout <<"出了 try - catch 块……"<< endl;                //输出异常信息
    return 0;
}
```

程序运行结果如下:

```
构造一个 MyTest 类型的对象,对象名为: obj1
构造一个 MyTest 类型的对象,对象名为: obj2
销毁一个 MyTest 类型的对象,对象名为: obj2
销毁一个 MyTest 类型的对象,对象名为: obj1
异常信息: std::exception
出了 try - catch 块……
```

在成员函数出现异常时,同一个作用域中,在异常出现位置之前的已经构造的对象都会被析构(注意,对象的析构函数是在异常处理模块之前执行的)。无论是正常的执行过程导致对象退出了作用域,还是其他对象运行时发生了异常而导致退出了作用域,对象都会被析构。

7.4.2 构造函数中抛出异常

C++中异常处理机制能够很好地处理构造函数中的异常问题,当构造函数出现错误时会抛出异常,外部函数可以在构造函数之外捕获并处理该异常。

对构造函数的异常处理体现了 C++异常处理机制的自动处理功能,它会自动调用异常发生之前已构造的局部对象的析构函数。已经构造的成员对象也会逆序地调用它们的析构函数进行析构。如果有父类,也会自动调用父类的析构函数进行析构。

【例 7-8】 构造函数中抛出异常的处理的示例。

```
#include < string >
#include < iostream >
using namespace std;
class Base{
public:
    Base (string name = "") : name(name){
        cout << "构造一个 Base 类型的对象,对象名为: "<< name << endl;
```

```
    }
    virtual ~ Base (){
        cout << "销毁一个 Base 类型的对象,对象名为: "<< name << endl;
    }
    void func(){
        throw std::exception();
    }
    void other() {cout << "调用了 other 函数"<< endl;}
protected:
    string name;
};
class Parts{
public:
    Parts (){
        cout << "构造一个 Parts 类型的对象" << endl;
    }
    virtual ~ Parts (){
        cout << "销毁一个 Parts 类型的对象"<< endl;
    }
};
class Derive : public Base{
public:
    Derive (string name = "") : component(), Base(name){
        throw std::exception();
        cout << "构造一个 Derive 类型的对象,对象名为: "<< name << endl;
    }
    virtual ~ Derive (){
        cout << "销毁一个 Derive 类型的对象,对象名为: "<< name << endl;
    }
protected:
    Parts component;
};
int main(){
    try{
        //对象构造时将会抛出异常
        Derive obj1("obj1");
        obj1.func();
        obj1.other();
    }catch(std::exception e){
        cout <<"异常信息: "<< e.what() << endl;          //输出异常信息
    }
    cout <<"出了 try-catch 块……"<< endl;                 //输出异常信息
    return 0;
}
```

程序运行结果如下：

```
构造一个 Base 类型的对象,对象名为: obj1
构造一个 Parts 类型的对象
销毁一个 Parts 类型的对象
```

```
销毁一个 Base 类型的对象,对象名为: obj1
异常信息: std::exception
出了 try-catch 块……
```

需要注意的是,如果构造函数抛出了异常,该构造函数就不会被完全执行,因此构造函数中抛出异常将导致对象的析构函数不会被执行。所以,在异常发生前动态申请的内存需要在抛出异常前被释放。

7.4.3 避免在析构函数中抛出异常

C++异常处理模型最大的特点和优势就是对 C++中的面向对象提供了强大的无缝支持。如果对象在运行期间出现了异常,C++异常处理模型就会清除那些由于出现异常所导致的已经失效了的对象,并释放对象原来所分配的资源,因此这些对象会调用其析构函数来完成释放资源的任务。从这个意义上说,析构函数已经变成了异常处理的一部分。C++异常处理模型其实有一个前提假设——析构函数中不应该再抛出异常。如果对象出现了异常,异常处理模块为了维护系统中对象数据的一致性,避免资源泄漏,就会释放这个对象的资源,调用对象的析构函数,而假如析构过程又再出现异常,那么由谁来保证这个对象的资源释放呢?这个新出现的异常又由谁来处理呢?不要忘记前面的一个异常目前都还没有处理结束,因此这就陷入了一个矛盾之中,或者说无限的递归嵌套之中。在 C++标准中,可以假定析构函数不抛出异常,而如果特定情况下析构函数抛出异常将自动终止程序。

当无法保证在析构函数中不发生异常时,可以把异常完全封装在析构函数内部,不允许在函数之外抛出异常。这是一种非常简单,也非常有效的方法。

7.4.4 使用引用捕获异常

从语法上看,在函数中声明参数与在 catch 块中声明参数是一样的,catch 里的参数可以是值类型、引用类型、指针类型。例如:

```
try {
    …
} catch(A a) {
    …
} catch(B& b) {
    …
} catch(C * c){
    …
}
```

尽管表面上看它们是一样的,但编译器对二者的处理却有很大的不同。调用函数时,程序的控制权最终还会返回函数的调用处,但抛出一个异常时,控制权永远不会回到抛出异常的地方。

```
class A;
void func_throw(){
    A a;
    throw a;                                //抛出的是 a 的副本,备份到一个临时对象里
}
...
try {
    func_throw();
} catch(A a) {                              //临时对象的副本
    ...
}
```

当抛出一个异常对象时,抛出的是这个异常对象的副本。当备份异常对象时,备份操作是由对象的拷贝构造函数完成的,这将影响如何在 catch 块中再抛出一个异常。例如,下面这两个 catch 块,乍一看好像一样:

```
catch (A& w) {                              //捕获异常
    //处理异常
    throw;                                  //重新抛出异常,让它继续传递
} catch (A& w) {                            //捕获异常
    //处理异常
    throw w;                                //传递被捕获异常的副本
}
```

第一个 catch 块中重新抛出的是当前异常(current exception),无论它是什么类型(有可能是 A 的派生类)。第二个 catch 块重新抛出的是新异常,失去了原来的类型信息。

一般来说,应该用 throw 来重新抛出当前的异常,这样不会改变被传递出去的异常类型,而且更有效率,因为不用生成一个新副本。

看看以下这三种声明:

```
catch (A w) ...;                            //通过传值
catch (A& w) ...;                           //通过传递引用
catch (const A& w) ...;                     //const 引用
```

一个被异常抛出的对象(总是一个临时对象)可以通过普通的引用捕获,它不需要通过指向 const 对象的引用(reference-to-const)捕获。在函数调用中不允许传递一个临时对象到一个非 const 引用类型的参数里,但在异常中却被允许。

回到异常对象备份上来。我们知道,当用传值的方式传递函数的参数时,制造了被传递对象的一个副本,并把这个副本存储到函数的参数里。同样,当通过传值的方式传递一个异常时,也是这么做的。当这样声明一个 catch 子句时:

```
catch (A w) ...;                            //通过传值捕获
```

会建立两个被抛出对象的副本,一个是所有异常都必须建立的临时对象,另一个是把临时对象备份到 w 中。实际上,编译器会优化掉一个备份。同样,当通过引用捕获异常时:

```
catch (A& w) ...;                      //通过引用捕获
catch (const A& w) ...;                //const 引用捕获
```

仍会建立一个被抛出对象的副本：备份的是一个临时对象。相反，当通过引用传递函数参数时，没有进行对象备份。话虽如此，但不是所有编译器都如此处理。

通过指针抛出异常与通过指针传递参数是相同的。无论哪种方法都是一个指针的副本被传递，不能认为抛出的指针是一个指向局部对象的指针，因为当异常离开局部变量的生存空间时，该局部变量已经被释放，catch 子句将获得一个指向已经不存在的对象的指针，这种行为在设计时应该避免。因此，使用指针传递异常不是一个明智的做法。

首先，程序员必须保证所定义的异常对象在控制离开抛出指针的函数之后仍然存在。为此，使用全局和静态对象是一个办法。但是，如果忘记了限制，把代码变成如下形式：

```
void fuc(){
    exception ex;                      //局部对象，在退出控制域时将被清除
    ...
    throw &ex ;                        //使用一个会被清除的对象抛出指针
    ...
}
```

这会使 catch 语句接受一个指向不存在的对象的指针，从而引起麻烦。

另一种办法是把指针抛向一个新的堆对象。例如：

```
    void fuc(){
        ...
        throw new exception;           //使用一个基于堆的对象抛出指针
        ...
}
```

但是，如果异常对象分配在堆上，则必须清除该指针，否则会有内存泄漏的风险；如果对象不是分配在堆上，则不应清除该指针，否则会面临程序有无定义行为的风险。于是，面对的是一个两难的选择。

使用指针捕获异常也和 C++语言内部处理异常的机制不一样。在 C++语言的标准异常中，如 bad_alloc、bad_tyied、bad_cast、bad_exception 都是对象，而不是指向对象的指针。所以，只能用值或引用捕获异常。

使用值捕获异常虽然和语言的异常处理机制一样，也避免了清除指针的难题。但是，值捕获也有其固有的弊病。

一个明显的问题是，用值捕获异常对象必须在每次异常被抛出时都复制异常对象，这将消耗大量资源，影响程序的性能。

另一个问题是，用值捕获异常对象具有一种称为“切片”的行为，其结果使得异常被改变了。“切片”是指，如果抛出一个派生类异常对象，而且该异常对象被基类的异常对象处理器通过值捕获到，对象会被“切片”，即随着向基类对象的传播，派生类元素会依次被切割下去，直到捕获完成。这样，异常对象没有了派生对象的数据成员，而且在这种异常对象上，当虚函数被调用时会被归结为基类的虚函数，于是异常就更像基类的异常而非其派生类的异常，这显然不是所希望的结果。

使用引用捕获异常对象不仅具有使用指针捕获对象的快捷性,也不用决定是否清除指针。它既不需要在每次异常抛出时都复制异常对象,又没有"切片"的问题。所以,使用引用捕获异常对象是适当的选择。下面的例子说明了值捕获和引用捕获的不同。

【例 7-9】 使用值和引用捕获异常的示例。

```
#include <iostream>
using namespace std;
class Base {
    public:
        virtual void what() {
            cout << "base" << endl;
        }
};
class Derived : public Base {
    public:
        void what() {
            cout << "derived" << endl;
        }
        void function() {
            throw Derived();
        }
};
int main() {
    Derived d;
    try {
        d.function();
    } catch(Base b) {
        b.what();                          //静态绑定
    }
    try {
        d.function();
    } catch(Base& b) {
        b.what();                          //动态绑定
    }
}
```

程序执行结果如下:

```
base
derived
```

7.5 自定义异常类

7.5.1 使用 C++语言的标准异常库

C++标准库异常类继承层次中的根类为 exception,其定义在 exception 头文件中,它是 C++标准库所有函数抛出异常的基类,exception 的接口定义如下:

```
namespace std {
    class exception {
    public:
        exception() throw();                                //不抛出任何异常
        exception(const exception& e) throw();
        exception& operator = (const exception& e) throw();
        virtual ~exception() throw)();
        virtual const char * what() const throw();          //返回异常的描述信息
    };
}
```

其中的一个重要函数为 what(),它返回一个表示异常的字符串指针。

异常处理首先应该从 C++语言提供的一个标准异常库开始。这个库列出了一批异常的类型,可以在程序中直接使用它们,也可以把它们作为异常的基类被继承,再添加新的内容,从而生成自己的异常类型。

C++语言的标准异常类型的派生谱系及作用如下。

(1) 基类 exception,其派生子类有如下三个。

- logical_error:报告程序的逻辑错误,这些错误在程序执行前可以被检测到。
- runtime_error:报告程序运行时的错误,这些错误仅在程序运行时可以被检测到。
- ios::failure:报告输入/输出的错误,它没有子类。

(2) 由 logical_error 派生的子类,有如下六个。

- domain_error:报告违反了前置条件。
- invalid_argument:指出函数的一个无效参数。
- length_error:指出有一个产生超过 npos 长度的对象的企图(npos:类型为 size_t 的最大可表现值)。
- out_of_range:报告参数越界。
- bad_cast:在运行时类型识别中有一个无效的 dynamic_cast 表达式。
- bad_typeid:报告在表达式 typeid(* p)中有一个空指针 P。

(3) 由 runtime_error 派生的子类,有如下三个。

- range_error:报告违反了后置条件。
- overflow_error:报告一个算术溢出。
- bad_alloc:报告一个存储分配错误。

7.5.2　使用自定义异常类

除使用 C++提供的标准异常类,程序员还可以自定义异常类。当创建自己的异常时,应该先检查系统提供的这些异常。如果有可用的,那么就应该使用可用的异常,这可以使程序更容易被理解和处理;如果没有现成的异常可用,那也应该尽量从上述的异常谱系中的某一个异常通过派生生成所需的异常。总之,异常处理应该从使用标准异常库开始。自定义异常类,可以完全自己定义异常类,抛出、捕获自定义异常类的方法与标准异常类相同。

【例 7-10】 完全自定义异常类的示例。

```
#include <iostream>
#include <string>
using namespace std;
class FullException{                                    //自定义的栈满异常类
public:
    FullException(string msg){err_msg = msg;}
    string ShowErrorMsg(){return err_msg;}
    FullException(){}
private:
    string err_msg;                                     //存储异常信息的字符串
};
class EmptyException{                                   //自定义的栈空异常类
    public:
    EmptyException(string msg){err_msg = msg;}
    string ShowErrorMsg(){return err_msg;}
    EmptyException(){}
private:
    string err_msg;                                     //存储异常信息的字符串
};

class Stack{
    private:
    int s[3];                                           //栈只能容纳 3 个元素
    int top;                                            //栈顶元素在数组中的下标
public:
    Stack(){
        top = -1;
    }
    void push(int a){
        if(top >= 2)
            throw FullException("栈已经满了!");
        s[++top] = a;
    }
    int pop(){
        if(top < 0)
            throw EmptyException("栈已经空了!");
        return s[top--];
    }
};
int main(){
    Stack s;
    try{
        s.pop();                                        //此语句会引发 EmptyException 异常
    }catch(EmptyException &e){
        cout <<"错误: "<< e.ShowErrorMsg()<< endl;
    }
    try{
```

```
        s.push(10);
        s.push(20);
        s.push(30);
        s.push(40);                              //此语句会引发 FullException 异常
    } catch(FullException &e){
        cout <<"错误: "<< e.ShowErrorMsg()<< endl;
    }
}
```

程序运行结果如下：

```
错误: 栈已经空了!
错误: 栈已经满了!
```

自定义异常类，也可以定义标准异常的派生类(这是推荐使用的自定义异常类的方式)，这比一切都自己从头做更加方便和快捷。

【例 7-11】 自定义标准异常的派生异常类的示例。

```
#include <iostream>
#include <stdexcept>                             //runtime_error 类所在头文件
using namespace std;
class FullException : public runtime_error {     //从 runtime_error 派生栈满异常类
    public:
    FullException(const string &s): runtime_error (s){}
    virtual ~FullException() throw(){}
};

class EmptyException : public runtime_error {    //从 runtime_error 派生栈空异常类
    public:
    EmptyException(const string &s): runtime_error (s){}
    virtual ~EmptyException() throw(){}
};
class Stack{
private:
    int s[3];                                    //栈只能容纳 3 个元素
    int top;                                     //栈顶元素在数组中的下标
public:
    Stack(){
        top = -1;
    }
    void push(int a){
        if(top >= 2) throw FullException("栈已经满了!");
        s[++top] = a;
    }
    int pop(){
        if(top < 0) throw EmptyException("栈已经空了!");
        return s[top--];
    }
};
void main(){
```

```
    Stack s;
    try{
        s.pop();                                //此语句会引发 EmptyException 异常
    }catch(EmptyException &e){
        cout <<"错误: "<< e.what()<< endl;
    }
    try{
        s.push(10);
        s.push(20);
        s.push(30);
        s.push(40);                             //此语句会引发 FullException 异常
    }
    catch(FullException &e){
        cout <<"错误: "<< e.what()<< endl;
    }
}
```

7.6 使用异常处理的其他建议

1. 编写异常类的层次结构

C++的标准异常库提供了一些优秀的例子。为编写异常类的层次结构和不同类型的重要错误的分类提供了一个有价值的参考。有些错误可能会与我们的类或库冲突，为它们编写层次结构可为用户提供有价值的信息。用户可以根据这些信息组织自己的代码，决定忽略异常的特定类型或正确地捕获基类类型，而且在以后，可通过对相同基类的继承来追加任何异常，而不会为了捕获新的异常被迫改写所有的已生成的基类处理器代码。

2. 代价问题

新的语言机制必然有其开销。异常处理是 C++语言的一部分，无论是否要耗费额外的代价，编译器都必须支持这个机制。异常处理的代价源于在程序运行期间系统需要做的许多簿记工作，如记录抛出异常时需要清除的对象、每个 try 块的入口和出口、对每个 try 块记录处理其中异常的 catch 语句的信息等，这些工作都有代价。

当异常被抛出时，有相当多的运行时间方面的开销，这就是不应把异常用于普通流控制的部分原因。在程序中，异常的发生应当被限制到最小，其重要目标之一是在异常处理中，当异常不发生时应不影响运行速度。也就是说，只要不抛出异常，代码的运行速度如同没有加载异常处理时一样。的确，异常处理会影响程序的整体性能。以异常抛出为例，异常抛出的处理可能比一个函数返回要慢三个数量级，这会对程序运行速度形成相当大的影响。

但是，代价问题不应成为使用异常处理的障碍。根据 80—20 原则，少量的异常不会引起程序性能明显的下降。当程序设计要求特别注意性能时，一个明智的选择是：在程序中把 try 块和异常规格声明限制在它们必须被使用的场合，并且保证在确实有异常发生的地方才抛出异常。

异常处理依赖于使用的特定编译器。有的编译器可以选择使用或不使用异常处理机制，以便在特别需要考虑代价时，使用不包括异常处理机制的编译器部分。

本章小结

异常处理的基本思想是将问题检测和问题处理分离。当一个函数出现异常时，它可以抛出一个异常对象，然后由该函数的调用者捕获并处理这个异常对象。异常处理的基本原则是在最合适的地方处理异常。异常处理机制使得正常代码和错误处理代码被清晰地划分开来，程序变得非常干净且容易维护。

C++语言中针对异常处理提供了三个关键字，分别为 try、catch 与 throw。C++应用程序中通过这三个关键字的机制组合来实现异常的处理。当出现异常时，throw 用来发出(形象地称为抛出)一个异常信息；把可能会抛出异常的语句放在 try 后的语句块(简称 try 块)中；catch 则用来捕捉异常信息并在 catch 后的语句块(简称 catch 块)中处理。

C++中的异常处理机制能够很好地处理构造函数中的异常问题，当构造函数出现错误时就抛出异常，外部函数可以在构造函数之外捕获并处理该异常。析构函数不应该再有异常抛出。

异常处理应该从 C++语言提供的一个标准异常库开始。这个库中列出了一批异常的类型。可以在程序中直接使用它们，也可以把它们作为异常的基类被继承，再添加新的内容，从而生成自己的异常类型。

异常处理会影响程序的整体性能，但代价问题不应成为使用异常处理的障碍。根据 80—20 原则，少量的异常不会引起程序性能明显地下降。

上机实训

【实训目的】 掌握程序中处理异常的原理和一般方法。学习相关的异常引发、捕获和处理的方法。

【实训内容】 编程实现一个简单的除数为 0 的异常处理。使用 try、throw 和 catch 检测除数为 0 的异常情况，表示并处理除数为 0 的异常。

```
#include <iostream>
#include <stdexcept>                          //runtime_error 类所在头文件
#include <string>
using namespace std;
//从 runtime_error 派生自定义异常类
class DivideByZeroException : public runtime_error {
```

```
    public:
        DivideByZeroException(const string &s):runtime_error(s) {}
        virtual ~DivideByZeroException() throw() {}
};
double quotient( int numerator, int denominator ) {
    if ( denominator == 0 )                    //如果分母为 0
        throw DivideByZeroException("attempted to divide by zero");
    return (double)(numerator)/denominator;
}
int main() {
    int number1, number2;
    double result;
    cout <<"Enter two integers: ";
    while ( cin >> number1 >> number2 ) {       //按 Ctrl + Z 组合键时退出循环
        try {
            result = quotient( number1, number2 );
            cout << "The quotient is: "<< result << endl;
        } catch ( DivideByZeroException ex ) {
            cout << "Exception occurred: "<< ex.what() << endl;
        }
        cout << "\nEnter two integers: ";
    }
    cout << endl;
    return 0;
}
```

程序执行结果如下：

```
Enter two integers: 25 6
The quotient is: 4.16667
Enter two integers: 18 4
The quotient is: 4.5
Enter two integers: ^Z
请按任意键继续……
```

编　程　题

设计一个只能容纳有限个元素的队列类，当队列满时添加元素就抛出一个队列满异常；当队列空时取出元素，就抛出一个队列空异常。编写程序并测试队列类。要求：使用动态数组存放队列元素。

第 8 章　模　　板

教学提示

模板是 C++ 实现代码重用机制的重要工具，是泛型技术(即与数据类型无关的通用程序设计技术)的基础。模板实现了与具体数据类型无关的通用算法程序设计，能够提高软件开发的效率，是程序代码复用的强有力工具。本章首先介绍什么是模板，然后介绍函数模板的有关知识，接下来介绍类模板的定义、使用，以及类模板中的友元函数和静态数据成员的使用。

8.1　模板概念

对重载函数而言，C++ 的检查机制能通过函数参数的不同，正确地调用重载函数。例如，为求两个数的较大值，定义 max() 函数，对不同的数据类型分别定义不同重载版本。例如：

```
int max(char x, char y){ return (x > y)?x:y ; }                    //函数 1
float max( int x, int y){ return (x > y)? x:y ; }                  //函数 2
double max(float x, float y){ return (c > y)? x:y ; }              //函数 3
```

但如果在主函数中定义了 double a，b，那么在执行 max(a，b)时程序就会出错，因为没有定义 double 类型的重载版本。

现在，重新审视上述的 max() 函数，发现它们都具有同样的功能——求两个数的最大值，能否只写一套代码解决这个问题呢？这样就会避免重载函数中出现重复的代码和因重载函数定义不全面而带来的调用错误。

为解决上述问题，C++ 引入模板机制。所谓模板，就是实现代码重用机制的一种工具，它可以实现类型参数化，即把类型定义为参数，从而实现了真正的代码可重用性。模板可以分为两类，一类是函数模板，另一类是类模板。

所谓函数模板，实际上就是建立一个通用的函数，函数返回类型和参数类型不具体指定，而是被参数化，即使用一个虚拟的类型暂时代替。当使用函数模板时，用具体的类型来替换参数，就可以得到处理该具体类型数据的函数，这一过程称为函数模板的实例化，实例化的函数称为模板函数。

与函数模板类似，类模板是建立一个通用的类，类中有一个或多个类型或值被参数化。当使用类模板时，也需要使用具体的类型或值来替换参数，从而得到一个具体的类，这一过程称为类模板的实例化，实例化的类称为模板类。模板的实例化如图 8-1 所示。

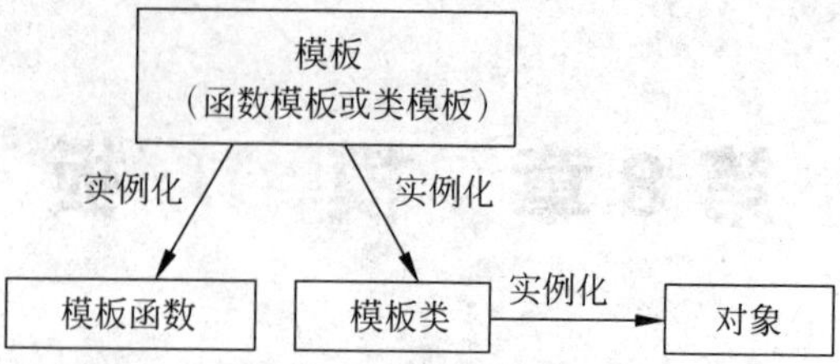

图 8-1　模板的实例化

8.2　函数模板

函数模板提供了一种通用的函数行为，该函数行为可以用多种不同的数据类型进行调用，编译器会根据调用类型自动将它实例化为具体数据类型的函数代码，也就是说，函数模板代表了一个函数家族。

与普通函数相比，函数模板中某些函数元素的数据类型是未确定的，这些元素的类型将在使用时被参数化；与重载函数相比，函数模板不需要程序员重复编写函数代码，它可以自动生成许多功能相同但参数和返回值类型不同的函数。

8.2.1　函数模板的定义

函数模板定义的一般格式为

```
template <模板形参表>
<函数返回类型> <函数名>(<形参表>){
    //函数体的定义
}
```

关键字 template 总是放在模板定义的最前面，关键字后面是用逗号分隔的<模板形参表>，该列表不能为空，至少包含一个模板参数，每个模板参数都由 typename 关键字（C++早期使用 class 关键字）来定义。<形参表>中至少有一个形参的类型，必须用<模板形参表>中的模板参数来定义。

模板参数常称为类型参数或类属参数，在模板实例化（即调用模板函数时）时需要传递的实参是一种数据类型，如 int 或 double 之类。

【例 8-1】 定义两个数中较小值的函数模板。

```
#include < iostream >
using namespace std;
template < typename T >
T minOfTwo(T a, T b) {
    return a < b?a:b;
}
int main() {
```

```
    double a = 2.1, b = 3.4;
    float c = 2.3f, d = 3.2f;                //f 代表 float 类型
    cout <<"2,3 的较小值是: "<< minOfTwo(2,3)<< endl;
    cout <<"2.1,3.4 的较小值是: "<< minOfTwo(a,b)<< endl;
    cout <<"'a','b'的较小值是: "<< minOfTwo('a','b')<< endl;
    cout <<"2.3,3.2 的较小值是: "<< minOfTwo(c,d)<< endl;
    return 0;
}
```

程序运行结果如下：

```
2,3 的较小值是: 2
2.1,3.4 的较小值是: 2.1
'a','b'的较小值是: a
2.3,3.2 的较小值是: 2.3
```

在该例中，模板参数 T 表示 minOfTwo()函数模板的返回类型及参数 a 和 b 的类型，在 main()函数中调用 minOfTwo()时，编译系统会根据实参自动把 T 实例化为具体类型。例如，调用 minOfTwo(2,3)时，因为 2 和 3 是 int 型常量，所以 T 被实例化为 int。这样就自动生成了一个 T 为 int 的模板函数，然后调用这个模板函数(注意函数模板不会直接调用，实例化为模板函数后，调用这个模板函数)。

模板形参表中也可以出现非类型参数，它代表了一个潜在的值，而该值代表了模板定义中的一个常量。

【例 8-2】 定义数组中最大数的函数模板。

```
#include <iostream>
using namespace std;
template <typename T, int size>
T maxOfArray( const T (&array)[size]){
    T max = array[0];
    for ( int i = 1; i < size; i++ )
        if ( array[i] > max )
            max = array[i];
    return max;
}
int main(){
    int a[] = {1,2,3,4,5};
    char b[] = {'a','b','c','d','e'};
    cout << maxOfArray(a)<< endl;
    cout << maxOfArray(b)<< endl;
    return 0;
}
```

程序运行结果如下：

```
5
e
```

在该例中，T 表示 maxOfArray()的返回类型、参数 array 的类型和局部变量 max 的

类型。size 表示数组引用 array 的长度,在 maxOfArray()被调用时,size 会被实参数组的实际长度所取代。

8.2.2 函数模板的实例化

1. 实例化发生的时机

模板实例化发生在调用函数模板时,这一过程由编译器来完成。当编译器遇到程序中对函数模板的调用时,它才会根据调用语句中实参的具体类型,确定模板参数的数据类型,并用此类型替换函数模板中的模板参数,生成能够处理该类型的函数代码,即模板函数。如图 8-2 所示,当 minOfTwo()函数的实参为两个整型变量 2 和 3 时,实例化后的模板函数的形参将相应变为 int a 和 int b。注意,最终调用的是生成的模板函数。

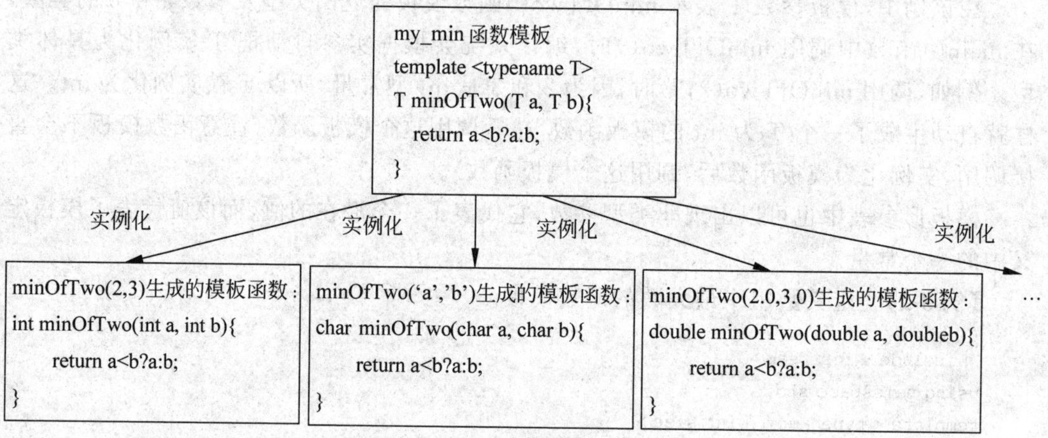

图 8-2 函数模板的实例化

例如,在例 8-1 中,编译器编译函数模板调用语句 minOfTwo(2,3)时,会把函数模板:

```
template < typename T >
T minOfTwo(T a, T b){
    return a < b?a:b;
}
```

实例化为如下模板函数并调用:

```
int minOfTwo( int a, int b){
    return a < b?a:b;
}
```

当多次发生类型相同的参数调用时,只在第 1 次进行实例化。假设在例 8-1 中有下面的函数调用:

```
int x = minOfTwo (2,3);
int y = minOfTwo (3,9);
int z = minOfTwo (8,5);
```

编译器只在第 1 次调用时实例化生成一个 T 为 int 的模板函数，当之后遇到相同类型的参数调用时，不再生成其他模板函数，它将调用第 1 次实例化生成的模板函数。

2. 实例化的方式

1）隐式实例化

当编译器能够判断模板参数类型时，将自动实例化函数模板为模板函数。假设在例 8-1 中有下面的函数调用：

```
int x = minOfTwo(2,3);
char y = minOfTwo('a','b');
```

调用 minOfTwo(2,3)时，因为 2 和 3 是 int 型常量，所以 T 被实例化为 int，这样就自动生成了一个 T 为 int 的模板函数，然后调用这个模板函数。调用 minOfTwo('a','b')时，因为'a'和'b'是 char 型常量，所以 T 被实例化为 char，这样就自动生成了一个 T 为 char 的模板函数，然后调用这个模板函数。

2）显式实例化

当编译器不能判断模板参数类型时，还可以显式给出模板参数类型。例如：

```
template < typename T >
T minOfTwo(T a, T b){
    return a < b?a:b;
}
```

minOfTwo()的两个参数都是同样的 T 类型，如果像如下调用：

```
int i = minOfTwo (1, '2');        //错误：无法判断数据类型
```

就会出现编译错误，原因是调用时给出的两个实参不是同一个类型，编译器就无法判断模板参数类型，这时可以显式给出模板参数类型。例如：

```
int i = minOfTwo < int > (1, '2');
```

8.2.3 模板参数

1. 模板参数的转换问题

C++在实例化函数模板的过程中，只是简单地将模板参数替换成调用实参的类型，并以此生成模板函数，不会进行参数类型的任何转换。

【例 8-3】 求两个数中较大值的函数模板。

```
#include < iostream >
using namespace std;
template < typename T >
T maxOfTwo(T a,T b) {
```

```
    return (a > b)?a:b;
}
int main(){
    double a = 2,b = 3.4;
    float c = 5.1, d = 3.2;
    cout <<"2, 3.2 的较大值是: "<< maxOfTwo(2,3.2)<< endl;
    cout <<"a ,c 的较大值是: "<< maxOfTwo(a,c)<< endl;
    cout <<"'a', 3 的较大值是: "<< maxOfTwo('a',3)<< endl;
    return 0;
}
```

编译程序,将会产生 3 个编译错误:

```
[Error] no matching function for call to 'maxOfTwo(int, double)'
[Error] no matching function for call to 'maxOfTwo(double&, float&)'
[Error] no matching function for call to 'maxOfTwo(char, int)'
```

产生这个错误的原因是模板实例化过程中不会进行任何形式的参数类型转换(但在普通函数的调用过程中,C++会对类型不匹配的参数进行隐式的类型转换),从而导致模板函数的参数类型不匹配,因此产生上述编译错误。

解决办法如下。

(1) 在模板调用时进行参数类型的强制转换:

```
cout << maxOfTwo(double(2),3.2)<< endl;
```

(2) 显式指定函数模板实例化的类型参数:

```
cout << maxOfTwo < double >(2,3.2)<< endl;
cout << maxOfTwo < int >('a',3)<< endl;
```

(3) 指定多个模板参数。

【例 8-4】 用两个模板参数实现求较大值的函数。

```
#include < iostream >
using namespace std;
template < typename T1, typename T2 >
T1 maxOfTwo(T1 a,T2 b) {
    return (a > b)?a:b;
}
int main(){
    double a = 2, b = 6.4;
    float c = 2.1, d = 5.2;
    cout <<"2, 3.5 的较大值是: "<< maxOfTwo(2,3.5)<< endl;
    cout <<"a, c 的较大值是: "<< maxOfTwo(a,c)<< endl;
    cout <<"'a', 3 的较大值是: "<< maxOfTwo('a',3)<< endl;
    return 0;
}
```

程序运行结果如下：

```
2, 3.5 的较大值是: 3.5
a, c 的较大值是: 2.1
'a', 3 的较大值是: a
```

2. 函数模板的形参表

函数模板的形参表中既可以包含模板参数，也可以包含普通类型的参数。

【例 8-5】 用函数模板实现数组的选择法排序(由大到小)。

```
#include <iostream>
using namespace std;
template <typename T>
void sort(T &a, int n) {
    for (int i = 0; i < n; i++) {
        int k = i;                          //k 用于保存当前最大值的下标
        //找出从下标 i 开始的元素中的最大元素的下标
        for(int j = i; j < n; j++) {
            if(a[k] < a[j]) {
                k = j;
            }
        }
        if(i != k) {                        //如果 a[i]不是当前最大值
            //交换 a[i]和 a[k]的值
            int t = a[i];
            a[i] = a[k];
            a[k] = t;
        }
    }
}
template <typename T>
void display(T &a, int n) {
    for(int i = 0;i < n;i++)
        cout << a[i]<<"\t";
        cout << endl;
}
int main(){
    int a[] = {2,11,3,5,8,21,13};
    char b[] = {'a','x','c','f','p','g','y','u'};
    sort(a,7);
    sort(b,8);
    display(a,7);
    display(b,8);
    return 0;
}
```

程序运行结果如下：

```
21    13    11    8    5    3    2
y     x     u     p    g    f    c    a
```

8.3 类 模 板

与函数模板类似,类模板使得在说明一个类时,能够将用于实现这个类所需要的数据类型参数化。程序员只需定义一个通用的类模板,在使用类模板时,通过类模板的实例化,就可以得到一个具体的模板类。

8.3.1 类模板的定义

类模板定义的一般格式为

```
template <模板形参表>
class 类名{
    //类模板体的定义;
};
```

与函数模板的定义类似,类模板也是以关键字 template 开头,关键字后面是用逗号分隔的<模板形参表>,每个形参前都用 typename 关键字(C++早期使用 class 关键字)标识。<模板形参表>中的形参可以用来说明类的数据成员的类型,也可以用来说明成员函数的形参、返回值和函数内局部变量的类型。

下面的例子定义了一个顺序队列的模板。需要注意,不能像普通类那样,把类的声明放在头文件(形如"类名.h")中,把类的实现放在源文件(形如"类名.cpp")中。这样做会给类模板的实例化带来问题,因此需要将类模板的声明和实现都放到一个头文件中。

【例 8-6】 定义顺序队列的类模板。

```
//MyQueue.h
#include <iostream>
#include <iomanip>
using namespace std;
const int MaxQueueSize = 100;

template <typename T>
class MyQueue{
private:
    T data[MaxQueueSize];
    int front;                              //队头指示器
    int rear;                               //队尾指示器
    int count;                              //元素个数计数器
public:
    MyQueue(){
        front = rear = 0;
        count = 0;
    };
```

```
    ~MyQueue(){};
    void enQueue(const T& item);                //入队列
    T deQueue();                                //出队列
    T getHead()const;                           //读队头元素值
    int isEmpty()const{                         //判断队列是否为空
        return front == rear;
    }
    void clear(){                               //清空队列
        front = rear = 0;
        count = 0;
    }
    int getSize()const{                         //取队列元素个数
        return count;
    }
    void traverse();
};
template < typename T >
void MyQueue < T >::enQueue(const T& item){    //把元素 item 加入队列
    if(count == MaxQueueSize) {
        cerr <<"队列已满!"<< endl;
        exit(1);
    }
    data[rear] = item;                          //把元素 item 加在队尾
    rear = (rear + 1) % MaxQueueSize;           //队尾指示器加 1
    count++;                                    //计数器加 1
}
template < typename T >
T MyQueue < T >::deQueue(){                     //把队头元素出队列,出队列元素由返回值带回
    T temp;
    if(count == 0){
        cerr <<"队列已空!"<< endl;
        exit(1);
    }
    temp = data[front];                         //保存原队头元素值
    front = (front + 1) % MaxQueueSize;         //队头指示器加 1
    count -- ;                                  //计数器减 1
    return temp;                                //返回原队头元素
}
template < typename T >
T MyQueue < T >::getHead()const{                //读队头元素,队头元素由返回值带回
    if(count == 0){
        cerr <<"队列空!"<< endl;
        exit(1);
    }
    return data[front];                         //返回队头元素
}
template < typename T >
```

```
void MyQueue<T>::traverse(){                    //遍历队列
    for(int i = front; i < front + count; i++)
        cout << setw(5)<< data[i % MaxQueueSize];
    cout << endl;
}
```

(1) 类模板 MyQueue 将队列中有的数据类型抽象成模板的参数 T,类模板的定义中用 T 来声明数据成员 data、成员函数 enQueue()的形参类型,以及函数 deQueue()和 getHead()的返回类型。在使用模板时,T 将被具体的数据类型取代。

(2) 成员函数可以在类体内实现,也可以在类体外实现,所有在类体外实现的成员函数必须使用下面的形式开头:

```
template < typename T >
```

且成员函数定义时,类作用域运算符::之前的类名应该写成:

```
MyQueue < T >
```

这样就能将成员函数的定义与类模板和模板参数联系起来。

8.3.2 类模板的实例化

类模板建立了一个通用类,但只有在实例化为模板类后才能使用。与实例化函数模板不同的是,类模板实例化时必须显式指定用于取代模板形参表的实参类型。利用类模板建立对象的格式为

```
<类模板名><实际类型表><对象表>;
```

其中,<实际类型表>应与该类模板中的<模板形参表>匹配。<类模板名><实际类型表>是被实例化的模板类,<对象表>是定义该模板类的对象列表。

例如,对于例 8-6 中的类模板 MyQueue,就可以按照下面的形式进行实例化:

```
MyQueue < int > queue;
```

针对 int 的模板类,MyQueue 将变成:

```
class MyQueue < int >{
private:
    int data[MaxQueueSize];
    int front;
    int rear;
    int count;
public:
    MyQueue < int >();
    ~MyQueue < int >();
    void enQueue(const int& item);
    int deQueue();
```

```
    int getHead()const;
    int isEmpty()const;
    void clear();
    int getSize()const;
    void traverse();
};
```

模板类名为 MyQueue<int>。同样,也可以对类模板 MyQueue 使用前面所定义的复数类 MyComplex 进行实例化,形式为 MyQueue<MyComplex>。

【例 8-7】 用类模板 MyQueue 实现元素为 int 型队列和 double 型队列。

```
#include "MyQueue.h"
#include <iostream>
using namespace std;
int main(){
    MyQueue<int> iqueue;
    for(int i = 1; i <= 5; i++)
        iqueue.enQueue(i);
    cout <<"int 型队列: ";
    iqueue.traverse();
    cout <<"int 型队列出队: "<< iqueue.deQueue()<< endl;
    cout <<"int 型队列: ";
    iqueue.traverse();
    MyQueue<double> dqueue;
    for(int i = 1; i <= 5; i++)
        dqueue.enQueue(i * 1.7);
    cout <<"double 型队列: ";
    dqueue.traverse();
    cout <<"double 型队列出队: "<< dqueue.deQueue()<< endl;
    cout <<"double 型队列: ";
    dqueue.traverse();
    return 0;
}
```

运行结果:

```
int 型队列: 1   2   3   4   5
int 型队列出队: 1
int 型队列: 2   3   4   5
double 型队列: 1.7   3.4   5.1   6.8   8.5
double 型队列出队: 1.7
double 型队列: 3.4   5.1   6.8   8.5
```

由程序可以看出,MyQueue 类模板可以被灵活地实例化成不同的模板类,这些类在使用上与非模板类完全一样,也可以创建自己的对象,而这些对象也与非模板类的对象完全一样。图 8-3 所示为 MyQueue 类模板、模板类和模板类对象之间的关系。

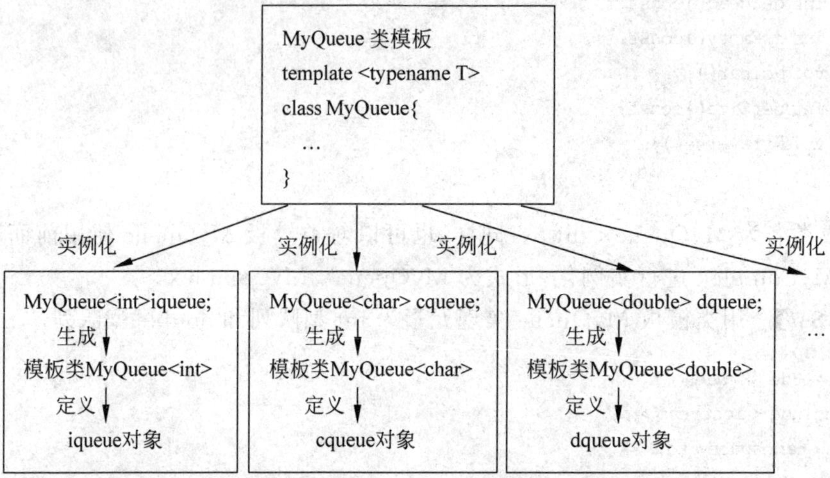

图 8-3　MyQueue 类模板、模板类和模板类对象之间的关系

8.4　STL 模板库

STL(standard template library)就是标准模板库,是 C++较新推出的基于模板技术的一个库,它提供了模板化的通用类和通用函数,含有容器(container)、算法(algorithm)、迭代器(iterator)等组件,见表 8-1。STL 借助模板把常用的数据结构及其算法都实现了一遍,并且做到了数据结构和算法的分离。例如,由于 STL 的 sort()函数是完全通用的,因此可以用它来操作几乎任何数据集合,包括链表、容器和数组。

表 8-1　STL 的主要组成及功能

STL 的主要组成	功　能
容器	一些封装数据结构的类模板,如 vector 向量容器、list 列表容器等
算法	STL 提供了非常多(大约 100 个)的数据结构算法,它们都被设计成一个个的函数模板。例如,STL 用 sort()对一个容器中的数据进行排序,用 find()搜索一个容器中的对象,函数本身与它们操作的数据的结构和类型无关
迭代器	提供了访问容器中对象的通用的方法

8.4.1　容器

容器(container)是用来存储其他对象的对象,它是用类模板技术实现的。容器的大小在运行时是可变的。STL 的容器常被分为顺序容器、关联容器和容器适配器三类。

1. 顺序容器

顺序容器是一种各元素之间有顺序关系的线性表。顺序容器中的每个元素均有固定的位置，除非用删除或插入的操作改变这个位置。顺序容器的元素排列次序与元素值无关，而是由元素添加到容器里的次序决定。顺序容器包括 vector（向量）、list（链表）、deque（双端队列）。

2. 关联容器

关联容器是非线性的树结构，更准确地说是二叉树结构。各元素之间没有严格的物理上的顺序关系，即元素在容器中并没有保存元素至容器时的逻辑顺序。关联容器包括 set（集合）、map（映射）、multiset（多重集合）、multimap（多重映射）。

3. 容器适配器

容器适配器是一个封装了序列容器的一个类模板，它在一般的序列容器的基础上提供了一些不同的功能。其之所以称为容器适配器，是因为它通过适配容器来提供其他不一样的功能。STL 中包含三种适配器，即 stack（栈）、queue（队列）和 priority_queue（优先级队列）。

STL 常用容器说明见表 8-2。

表 8-2　STL 常用容器说明

STL 常用容器	所在头文件	说　明
vector	< vector >	向量，基于动态数组实现，相当于可拓展的数组（动态数组），其随机访问快在中间插入和删除慢，但在末端插入和删除快。适用于对象简单，变化较小，并且频繁随机访问的场景
list	< list >	链表，基于循环双向链表实现，目的是实现快速插入和删除，但随机访问却比较慢。适用于经常进行插入和删除操作且不经常随机访问的场景
deque	< deque >	双端队列。支持头插、删，尾插、删，随机访问较 vector 容器来说慢，但对于首尾的数据操作比较方便。适用于既要频繁随机存取，又要关心两端数据的插入与删除的场景
set/multiset	< set >	集合/多重集合，基于红黑树实现，其内部元素依据其值自动排序，set 中的每个元素值只能出现一次，不允许重复。multiset 内可包含多个数值相同的元素。适用于经常查找一个元素是否在某群集中且需要排序的场景
map/multimap	< map >	映射/多重映射，基于红黑树实现，其元素都是“键值/实值”所形成的一个对组（key/value pairs）。每个元素有一个键，是排序准则的基础。map 每一个键只能出现一次，不允许重复。multimap 允许键重复。适用于需要存储一个数据字典，并要求方便地根据 key 找出 value 的场景
stack	< stack >	栈，对元素采取 LIFO（后进先出）的管理策略
queue	< queue >	队列，对元素采取 FIFO（先进先出）的管理策略
priority_queue	< queue >	优先级队列，也是一种队列 queue，不过其中的每个元素都被给定了一个优先级，用来控制元素到达队首 top()的顺序。默认情况下，优先队列简单地使用运算符“<”进行元素比较，top()返回最大的元素

所有容器都具有的成员函数见表 8-3。

表 8-3　所有容器都具有的成员函数

成员函数名	说　明
默认构造函数	对容器进行默认初始化的构造函数，常有多个，用于提供不同的容器初始化方法
拷贝构造函数	用于将容器初始化为同类型的现有容器的副本
析构函数	执行容器销毁时的清理工作
empty()	判断容器是否为空，若为空返回 true，否则返回 false
max_size()	返回容器最大容量，即容器能够保存的最多元素个数
Size()	返回容器中当前元素的个数
operator=	将一个容器赋给另一个同类容器
operator<	如果第 1 个容器小于第 2 个容器，则返回 true，否则返回 false
operator<=	如果第 1 个容器小于等于第 2 个容器，则返回 true，否则返回 false
operator>	如果第 1 个容器大于第 2 个容器，则返回 true，否则返回 false
operator>=	如果第 1 个容器大于等于第 2 个容器，则返回 true，否则返回 false
Swap()	交换两个容器中的元素

顺序和关联容器共同支持的成员函数见表 8-4。

表 8-4　顺序和关联容器共同支持的成员函数

成员函数	说　明	成员函数	说　明
begin()	指向第一个元素	rend()	指向反顺序的末端位置
end()	指向末端位置(最后一个元素下一个位置)	erase()	删除容器中的一个或多个元素
rbegin()	指向反顺序的第一个元素	clear()	删除容器中的所有元素

8.4.2　迭代器

标准库为每一种标准容器(包括 vector 等)定义了一种迭代器类型。迭代器(iterator)提供了访问容器中元素的方法。迭代器类型提供了比下标操作更加通用化的方法(因为许多容器不支持使用下标访问元素)。因为迭代器对所有的容器都适用，因此如今 C++程序更倾向于使用迭代器而不是元素下标操作访问容器元素，即使对支持元素下标操作的 vector 类型也是这样。

1. 容器的 iterator

每种容器类型都定义了自己的迭代器类型。例如，定义一个存储 int 类型元素的 vector：

```
vector < int > v1;
```

v1 所对应的迭代器为

```
vector < int >::iterator iter;
```

这个语句定义了一个名为iter的变量,它的数据类型是vector<int>定义的iterator类型。每个标准库容器类型都定义了一个名为iterator的成员。

每种容器都定义了一对命名为begin()和end()的函数,用于返回迭代器。如果容器中有元素的话,则由begin()返回的迭代器指向第一个元素。由end()操作返回的C++迭代器指向容器的末端元素的下一个元素,表明它指向了一个不存在的元素。如果容器为空,begin()返回的迭代器与end()返回的迭代器相同。由end()返回的迭代器并不指向容器中任何实际的元素,相反,它只是起一个哨兵(sentinel)的作用,表示已处理完容器中所有元素。

2. 迭代器的自增和解引用操作符

C++迭代器类型定义了一些操作来获取迭代器所指向的元素,并允许程序员将迭代器从一个元素移动到另一个元素。迭代器类型可使用解引用操作符(dereference operator)“*”来访问迭代器所指向的元素:

```
*iter = 0;
```

解引用操作符返回迭代器当前所指向的元素。假设iter指向vector对象ivec的第一元素,那么*iter和ivec[0]就是指向同一个元素。*iter=0语句的效果就是把这个元素的值赋为0。迭代器使用自增操作符向前移动迭代器指向容器中下一个元素。从逻辑上说,C++迭代器的自增操作和int型对象的自增操作类似。对int对象来说,操作结果就是把int型值加1,而对迭代器对象则是把容器中的迭代器向前移动一个位置。因此,如果iter指向第一个元素,则++iter指向第二个元素。使用迭代器遍历输出向量v1的所有元素的语句如下:

```
for(iter = v1.begin() ; iter != v1.end() ; iter++){
    cout << * iter <<" ";
}
```

8.4.3 顺序容器

1. vector(向量)

vector类称作向量类,它实现了动态数组,用于元素数量变化的对象数组。像数组一样,vector类也用从0开始的下标表示元素的位置;但和数组不同的是,当创建vector对象后,数组的元素个数会随着vector对象元素个数的增大和缩小而自动变化。vector示意图如图8-4所示。在图8-4中,v是一个整型向量,begin()返回向量头指针,指向第一个元素;end()返回向量尾指针,指向向量最后一个元素的下一个位置;iterator是迭代器指针,通过它可以遍历向量。

vector类常用的函数如下。

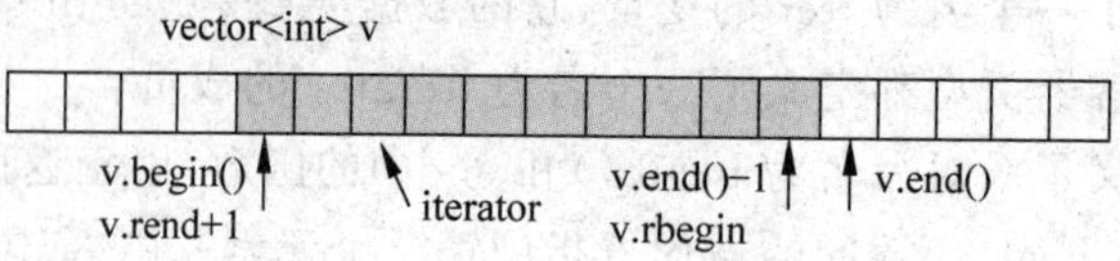

图 8-4　vector 示意图

1）构造函数

vector < T >()：创建一个空 vector。

vector < T >(int nSize)：创建一个 vector，元素个数为 nSize。

vector < T >(int nSize，const t& t)：创建一个 vector，元素个数为 nSize，且值均为 t。

vector < T >(const vector&)：复制构造函数。

vector < T >(begin，end)：复制[begin，end)区间内另一个数组的元素到 vector 中。

2）增加函数

void push_back(const T& x)：向量尾部增加一个元素 x。

iterator insert(iterator it，const T& x)：在迭代器指向元素前增加一个元素 x。

iterator insert(iterator it，int n，const T& x)：在迭代器指向元素前增加 n 个相同的元素 x。

iterator insert(iterator it，const_iterator first，const_iterator last)：在迭代器指向元素前插入另一个相同类型向量的[first，last)间的数据。

3）删除函数

iterator erase(iterator it)：删除迭代器指向元素。

iterator erase(iterator first，iterator last)：删除[first，last)中的元素。

void pop_back()：删除向量中最后一个元素。

void clear()：清空向量中所有元素。

4）访问函数

reference at(int pos)：返回 pos 位置元素的引用。

reference front()：返回首元素的引用。

reference back()：返回尾元素的引用。

5）判断函数

bool empty() const：判断向量是否为空，若为空，则向量中无元素。

6）大小函数

int size() const：返回向量中元素的个数。

int capacity() const：返回当前向量中所能容纳的最大元素值。

int max_size() const：返回最大可允许的 vector 元素数。

7）其他函数

void swap(vector&)：交换两个同类型向量的数据。

void assign(int n，const T& x)：设置向量中第 n 个元素的值为 x。

void assign(const_iterator first，const_iterator last)：将[first，last)中元素设置成当前向量元素。

【例 8-8】 vector 向量应用示例。

```
#include <vector>
#include <iostream>
using namespace std;
int main(){
    vector<int>::iterator iter;        //定义迭代器对象
    //第一种创建对象方式
    vector<int> v1;                    //定义有 0 个元素的向量 v1
    v1.push_back(1);                   //在 v1 向量的尾部加入元素 1
    v1.push_back(2);
    v1.push_back(3);
    v1.pop_back();                     //删除向量尾部元素
    //第二种创建对象方式
    vector<int> v2(5);                 //定义具有 5 个元素的向量 v2
    //第三种创建对象方式
    vector<int> v3(3,4);               //定义具有 3 个元素的向量 v2,并把元素的值都设置为 4
    //第四种创建对象方式
    int a[] = {1,2,3,4};
    vector<int> v4(a,a+3);             //复制 a 数组中地址区间[a,a+3)的元素到 v4 中
    //第五种创建对象方式
    vector<int> v5 = {1,2,3,4,5};                      //C++ 11 引入的初始化方式

    cout<<"使用向量的第一种输出方式输出 v1: "<<endl;   //使用迭代器遍历
    for(iter = v1.begin() ; iter != v1.end() ; iter++){
        cout<<*iter<<" ";
    }
    cout<<endl;
    cout<<"使用向量的第二种输出方式输出 v2: "<<endl;   //使用下标遍历
    for(int i = 0; i < v2.size(); i++){
        cout<<v2[i]<<" ";
    }
    cout<<endl;
    cout<<"使用向量的第三种输出方式输出 v3: "<<endl;   //使用 at()函数遍历
    for(int i = 0; i < v3.size(); i++){
        cout<<v3.at(i)<<" ";
    }
    cout<<endl;
    cout<<"使用 for range 语句输出 v4: "<<endl;
    for(int e : v4){
        cout<<e<<" ";
    }
    cout<<endl;
    v1.assign(5,10);                                   //将 v1 的前 5 个元素设置为 10
    cout<<"v1.assign(5,10)后输出 v1: "<<endl;
    for(int e : v1){
        cout<<e<<" ";
    }
    cout<<endl;
```

```
    v5.insert(v5.begin() + 1,5);          //在 v2 的第 2 个元素位置插入元素 5
    cout <<"v5.insert(v5.begin() + 1,5)后输出 v5: "<< endl;
    for(int e : v5){
        cout << e <<" ";
    }
    cout << endl;
    v3.resize(10);                        //重置 v3 的大小为 10,已有元素不受影响
    return 0;
}
```

程序运行结果如下：

```
使用向量的第一种输出方式输出 v1:
1 2
使用向量的第二种输出方式输出 v2:
0 0 0 0 0
使用向量的第三种输出方式输出 v3:
4 4 4
使用 for range 语句输出 v4:
1 2 3
v1.assign(5,10)后输出 v1:
10 10 10 10 10
v5.insert(v5.begin() + 1,5)后输出 v5:
1 5 2 3 4 5
```

2. list(链表)

如图 8-5 所示，相对于 vector 容器的连续线性空间，list 是一个双向链表，因此它的内存空间可以不连续。通过指针来进行数据的访问，这使 list 的随机存储变得非常低效，因此 list 没有提供“[]”操作符的重载，但 list 可以很好地支持在任意位置的插入和删除，这只需移动相应的指针即可。

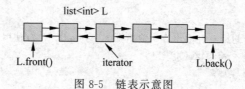

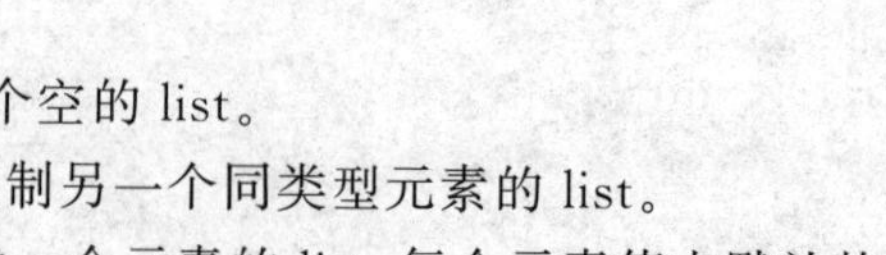

图 8-5 链表示意图

list 常用的函数如下。

1）构造函数

list < T > c：创建一个空的 list。

list < T > c1(c2)：复制另一个同类型元素的 list。

list < T > c(n)：创建 n 个元素的 list，每个元素值由默认构造函数确定。

list < T > c(n,elem)：创建 n 个元素的 list，每个元素的值为 elem。

list < T > c(begin,end)：由迭代器创建 list，迭代区间为[begin,end]。

2）大小、判断函数

int size() const：返回容器元素个数。

bool empty() const：判断容器是否为空，若为空则返回 true。

3）增加、删除函数

void push_back(const T& x)：list 元素尾部增加一个元素 x。

void push_front(const T& x)：list 元素首元素前添加一个元素 x。

void pop_back()：删除容器尾元素，当且仅当容器不为空。

void pop_front()：删除容器首元素，当且仅当容器不为空。

void remove(const T& x)：删除容器中所有元素值等于 x 的元素。

void clear()：删除容器中的所有元素。

4）访问函数

reference front()：返回首元素的引用。

reference back()：返回尾元素的引用。

5）操作函数

void sort()：对容器内所有元素排序，默认是升序。

template <class Pred> void sort(Pred pr)：容器内所有元素根据预断定函数 pr()排序。

void swap(list& str)：两 list 容器交换功能。

void unique()：容器内相邻元素若有重复的，则仅保留一个。

void merge (list& x)：将两个有序的序列合并为一个有序的序列。

void splice(iterator it,list& li)：队列合并函数，队列 li 所有元素插入迭代指针 it 前，li 变成空队列。

void splice(iterator it,list& li,iterator first)：从队列 li 中移走[first,end)间元素并插入迭代指针 it 前。

void splice(iterator it,list& li,iterator first,iterator last)：从 li 中移走[first,last)间元素并插入迭代器指针 it 后。

void reverse()：反转容器中元素顺序。

【例 8-9】 list 链表应用示例。

```
#include <list>
#include <iostream>
using namespace std;
int main() {
    list<int> L1 = {1,5,5,3,5};
    list<int>::iterator iter;                              //迭代器
    for(iter = L1.begin(); iter != L1.end(); iter++) {     //使用迭代器遍历 L1
        cout << *iter << " ";
    }
    cout << endl;
    L1.unique();
    cout << "调用 L1.unique()之后: " << endl;
    for(int e : L1) {                                      //使用 for range 语句遍历 L1
        cout << e << " ";
    }
    cout << endl;
```

```
    list< int > L2;
    L2.push_back(2);
    L2.push_back(6);
    L2.push_back(4);
    L1.sort();                               //默认是从小到大排序
    L2.sort(greater< int >());               //从大到小排序
    L2.reverse();                            //将所有元素反序
    L1.merge(L2);                            //将 L2 所有元素合并到 L1 中,操作后 L2 为空
    cout <<"调用 L1.merge(L2)之后: "<< endl;
    for(int e : L1) {                        //使用 for range 语句遍历 L1
        cout << e <<" ";
    }
    cout << endl;
    cout <<"L1.size() = "<< L1.size()<<", L2.size() = "<< L2.size()<< endl;
    return 0;
}
```

程序运行结果如下：

```
1 5 5 3 5
调用 L1.unique()之后:
1 5 3 5
调用 L1.merge(L2)之后:
1 2 3 4 5 5 6
L1.size() = 7, L2.size() = 0
```

从结果可以看出,两个链表 merge 合并前需要排好序,合并后的链表仍然是有序的。merge 操作是数据移动操作,不是复制操作,因此 L1.merge(L2)表示把 L2 中所有元素依次移动并插入源链表 L1 的适当位置,L1 增加了多少个元素,L2 就减少了多少个元素。

3. deque(双端队列)

deque(双端队列)是由一段一段的定量连续空间构成,可以向两端发展,因此无论在尾部还是头部安插元素都十分迅速。在中间部分安插元素则比较费时,因为必须移动其他元素。deque 常用的函数如下。

1) 构造函数

deque<int> a：定义一个 int 类型的双端队列 a。

deque<int> a(10)：定义一个 int 类型的双端队列 a,并设置初始大小为 10。

deque<int> a(10,1)：定义一个 int 类型的双端队列 a,并设置初始大小为 10 且初始值都为 1。

deque<int> b(a)：定义并用双端队列 a 初始化双端队列 b。

deque<int> b(a.begin(),a.begin()+3)：将双端队列 a 中从第 0 个到第 2 个元素(共 3 个)作为双端队列 b 的初始值。

2) 大小、判断函数

deq.size()：容器大小。

deq.max_size()：容器最大容量。

deq. resize()：更改容器大小。

deq. empty()：判断容器是否为空。

deq. shrink_to_fit()：减少容器大小到满足元素所占存储空间的大小。

3）增加、删除函数

deq. push_front(const T& x)：头部添加元素。

deq. push_back(const T& x)：末尾添加元素。

deq. insert(iterator it,const T& x)：任意位置插入一个元素。

deq. insert(iterator it,int n,const T& x)：任意位置插入 n 个相同元素。

deq. insert(iterator it,iterator first,iterator last)：插入另一个向量的 [first,last)间的数据。

deq. pop_front()：头部删除元素。

deq. pop_back()：末尾删除元素。

deq. erase(iterator it)：任意位置删除一个元素。

deq. erase(iterator first,iterator last)：删除 [first,last)之间的元素。

deq. clear()：清空所有元素。

4）访问函数

deq[]：下标访问，并不会检查是否越界。

deq. at()：at()函数访问，与 deq[]的区别是 at ()会检查是否越界，若是，则抛出 out of range 异常。

deq. front()：访问第一个元素。

deq. back()：访问最后一个元素。

5）操作函数

deq. assign(int nSize,const T& x)：多个元素赋值，类似于初始化时用数组进行赋值。

swap(deque&)：交换两个同类型容器的元素。

【例 8-10】 deque 应用举例。

```
#include <iostream>
#include <deque>
using namespace std;
int main(int argc, char * argv[]){
    deque<int> deq;
    for (int i = 0; i<6; i++){
        deq.push_back(i);
    }
    cout << deq.size() << endl;                    //输出：6
    cout << deq.max_size() << endl;                //输出：1073741823
    deq.resize(0);                                 //更改元素大小
    cout << deq.size() << endl;                    //输出：0
    if (deq.empty())
        cout << "元素为空" << endl;                 //输出：元素为空
    //头部增加元素
    deq.push_front(4);
```

```
//末尾添加元素
deq.push_back(5);
//任意位置插入一个元素
deque<int>::iterator it = deq.begin();
deq.insert(it, 2);
//任意位置插入 n 个相同元素
it = deq.begin();                                  //必须有这句
deq.insert(it, 3, 9);
//插入另一个向量的[forst,last]间的数据
deque<int> deqT(5,8);
it = deq.begin();                                  //必须有这句
deq.insert(it, deqT.end() - 1, deqT.end());
//遍历显示
for (it = deq.begin(); it != deq.end(); it++)
    cout << * it << " ";                           //输出: 8 9 9 9 2 4 5
cout << endl;
deq.pop_front();                                   //头部删除元素
deq.pop_back();                                    //末尾删除元素
//任意位置删除一个元素
it = deq.begin();
deq.erase(it);
//删除[first,last)之间的元素
deq.erase(deq.begin(), deq.begin() + 1);
//使用 for range 语句遍历显示
for (int e : deq)
    cout << e << " ";                              //输出: 9 2 4
cout << endl;
//下标访问
cout << deq[0] << endl;                            //输出: 9
//at 函数访问
cout << deq.at(0) << endl;                         //输出: 9
//访问第一个元素
cout << deq.front() << endl;                       //输出: 9
//访问最后一个元素
cout << deq.back() << endl;                        //输出: 4
//多个元素赋值
deque<int> deq1;
deq1.assign(3, 1);
deque<int> deq2;
deq2.assign(3, 2);
//交换两个容器的元素
deq1.swap(deq2);
//使用 for range 语句遍历显示
cout << "deq1: ";
for (int e : deq1)
    cout << e << " ";                              //输出: 2 2 2
cout << endl;
//使用 for range 语句遍历显示
cout << "deq2: ";
```

```
    for (int e : deq2)
        cout << e << " ";                              //输出：1 1 1
    cout << endl;
    return 0;
}
```

8.4.4　关联容器

1. set(集合)和 multiset

set 的含义是集合，它是一个有序的容器，里面的元素都是排好序的，支持插入、删除、查找等操作。set 和 multiset 的区别是：set 插入的元素不能相同，但 multiset 可以相同。set 和 multiset 的示意图如图 8-6 所示。

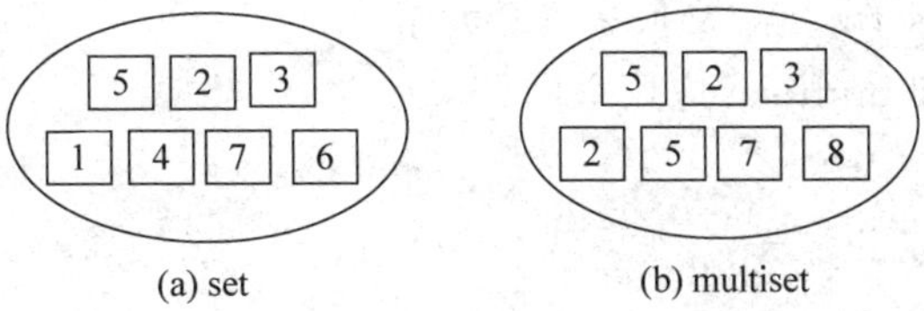

图 8-6　set 和 multiset 的示意图

set 和 multiset 类常用的函数如下。

1）构造函数

set/multiset c：创建空集合，不包含任何元素。

set/multiset c(op)：以 op 为排序准则，产生一个空的 set/multiset。

set/multiset c1(c2)：复制 c2 中的元素到 c1 中。

set/multiset c(const value_type * first,const value_type * last)：复制[first,last)之间元素构成新集合。

set/multiset c(const value_type * first,const value_type * last,op)：以 op 为排序准则，复制[first,last)之间元素构成新集合。

其中，op 可以是 less< >或 greater< >，使用时须在"< >"中写上类型，如 greater<int>。less 指定排序方式为从小到大，greater 指定排序方式为从大到小，默认是 less< >。

2）大小、判断空函数

int size() const：返回容器元素个数。

bool empty() const：判断容器是否为空，若返回 true，表明容器已空。

3）增加、删除函数

pair<iterator,bool> insert(x)：插入元素 x。

iterator insert(iterator it,x)：在迭代器 it 处插入元素 x。

void insert(const value_type * first,const value_type * last)：插入[first,last)之间元素。

iterator erase(iterator it)：删除迭代器指针 it 处元素。

iterator erase(iterator first, iterator last)：删除[first, last)之间元素。

size_type erase(const Key& key)：删除元素值等于 key 的元素。

4）操作函数

const_iterator lower_bound(const Key& key)：返回容器中大于或等于 key 的迭代器指针。

const_iterator upper_bound(const Key& key)：返回容器中大于 key 的迭代器指针。

int count(const Key& key) const：返回容器中元素等于 key 的元素的个数。

pair < const_iterator, const_iterator > equal_range(const Key& key) const：返回容器中元素值等于 key 的迭代指针[first, last)。

const_iterator find(const Key& key) const：查找功能，返回元素值等于 key 的迭代器指针。

void swap(set& s)：交换集合元素。

void swap(multiset& s)：交换多集合元素。

【例 8-11】 set 和 multiset 应用举例。

```
#include <set>
#include <iostream>
using namespace std;
int main() {
    int a[] = {15,23,35,42,13,13};
    set<int,greater<int> > set1 (a,a+6); //从大到小排序(注意：本行两个">"字符之间有空格)
    set<int> set2;                        //默认从小到大排序
    set2.insert(2);                       //向集合中插入元素 2
    set2.insert(2);                       //因为元素重复，所以不会插入
    set2.insert(5);
    set1.insert(set2.begin(),set2.end());      //把 set2 中所有元素插入 set1 中
    set<int,greater<int> >::iterator iter;
    cout << "set1 元素:";
    for(iter = set1.begin(); iter != set1.end(); iter++){
        cout <<" "<< *iter;
    }
    cout << endl;
    iter = set1.find(5) ;
    if(iter != set1.end()) {                   //若 iter 指向 set1.end(),则说明没找到
        set1.erase(iter);
        cout << "找到 5 并删除了! "<< endl;
    }
    multiset<int,greater<int> > multiset1 (a,a+6);    //从大到小排序
    multiset1.insert(2);                              //向集合中插入元素 2
    multiset1.insert(2);                              //因为允许元素重复，所以会插入
    multiset1.insert(5);
    multiset<int,greater<int> >::iterator miter;
    cout << "multiset1 元素:";
    for(int e : multiset1){
        cout <<" "<< e;
```

```
    }
    cout << endl;
    return 0;
}
```

程序运行结果如下：

```
set1 元素: 42 35 23 15 13 5 2
找到 5 并删除了!
multiset1 元素: 42 35 23 15 13 13 5 2 2
```

2. map(映射)和 multimap

map 和 multimap 提供了操作<键,值>对元素的方法。在键值(key/value)对元素里，第一个可以称为关键字，第二个可以称为该关键字的值。每个关键字只能在 map 中出现一次，在 multimap 中可以出现多次，这是 map 和 multimap 的区别。map 和 multimap 的示意图如图 8-7 所示。

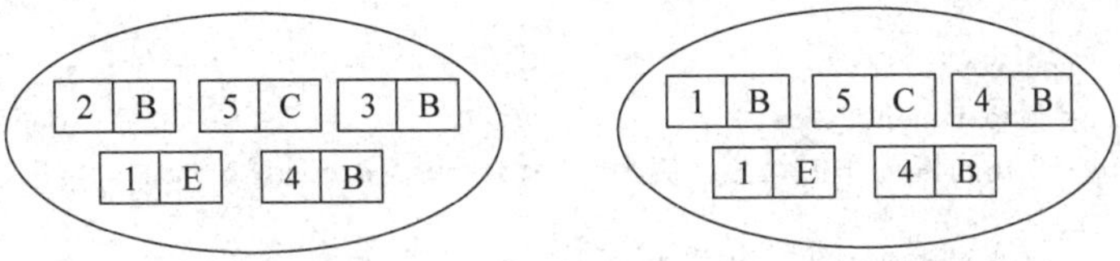

(a) map　　(b) multimap

图 8-7　map 和 multimap 示意图

与 set 和 multiset 中的元素只包含键相比，map 和 multimap 中的元素是由<键,值>对元素构成。但 map 和 multimap 所提供的操作也是针对各元素中的键进行的，其操作方法与 set 和 multiset 的相同。也就是说，前面介绍的 set 和 multiset 的操作方法同样适用于 map 和 multimap。

在此，只对 map 和 multimap 的 insert 成员函数和元素的访问方法做两点补充说明，而其他操作可以参考 set 和 multiset 的操作方法。

1) insert 成员函数

从形式上，map 和 multimap 的 insert 成员函数和 set 和 multiset 的具有相同形式，不过插入的元素是有区别的。set 和 multiset 的 insert 成员函数插入的元素是单一的键，而 map 和 multimap 的 insert 成员函数插入的是由键和值构成的<键,值>对元素。

map 和 multimap 的<键,值>对元素可用 make_pare 函数构造，它的用法如下：

```
make_pare(key, value)
```

其中，key 代表键，value 代表值，make_pare 将用< key，value >构造映射的元素。

2) map 和 multimap 的元素访问

map 和 multimap 中的元素是由<键,值>对元素构成的，相应的 map 和 multimap 类型的迭代器提供了两个数据成员，一个是 first，用于访问键；另一个是 second，用于访问值。

此外，map 类型的映射可以用键作为数组下标，访问该键所对应的值，但 multimap 类型由于一个键可以对应多个值，所以不允许用键作为数组下标访问该键所对应的值。

【例 8-12】 map 和 multimap 应用示例。

```
#include <map>
#include <string>
#include <iostream>
using namespace std;
int main() {
    map<int, string> mapStudent;                          //默认按键从小到大排序
    map<int, string>::iterator iter;
    //map<int, string,greater<int>> mapStudent;           //按键从大到小排序
    //map<int, string,greater<int>>::iterator iter;       //这是对应的迭代器
    mapStudent[1] = "张三";
    mapStudent[3] = "王五";
    mapStudent.insert(make_pair(2, "李四"));
    for(iter = mapStudent.begin(); iter != mapStudent.end(); iter++) {
        cout << iter->first <<" "<< iter->second << endl;
    }
    iter = mapStudent.find(1);
    if(iter != mapStudent.end()) {
        cout <<"找到键为 1 的元素, 值为: "<< iter->second << endl;
    } else {
        cout <<"没有找到键为 1 的元素!"<< endl;
    }
    multimap<string, string> phonebook;
    multimap<string, string>::iterator miter;
    phonebook.insert(make_pair("张三","8225687"));          //家里电话
    phonebook.insert(make_pair("张三","555123123"));        //单位电话
    phonebook.insert(make_pair("张三","1532532532"));       //移动电话
    //可以使用迭代器遍历
    //for(miter = phonebook.begin(); miter != phonebook.end(); miter++) {
    //cout << miter->first <<" "<< miter->second << endl;
    //}
    //使用 for range 语句遍历更简单
    for(auto e : phonebook) {
        cout << e.first <<" "<< e.second << endl;
    }
    return 0;
}
```

程序运行结果如下：

```
1 张三
2 李四
3 王五
找到键为 1 的元素, 值为: 张三
张三 8225687
张三 555123123
张三 1532532532
```

8.4.5 容器适配器

1. stack(栈)

栈这种数据结构中的数据是先进后出的(first in last out,FILO)。如图 8-8 所示,栈只有一个出口,允许新增(push)元素(只能在栈顶上增加)、移出(pop)元素(只能移出栈顶元素)、取得栈顶(top)元素等操作。在 STL 中,栈一共有 5 个常用操作函数,如 top()、push()、pop()、size()、empty()。

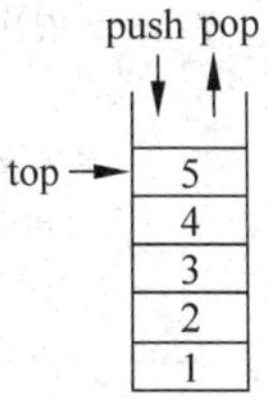

图 8-8　栈的示意图

stack 类常用的函数如下。

1) 构造函数

stack():默认构造函数,创建一个空的 stack 对象。

例如,下面一行代码创建一个空的堆栈对象 s:

```
stack < int > s;
```

2) 元素入栈

stack 堆栈容器的元素入栈函数为 push 函数。由于 C++中 STL 的堆栈函数是不预设大小的,因此入栈函数不考虑堆栈空间是否为满,均将元素压入堆栈,而函数没有表明入栈成功与否的返回值。以下是 push()函数的使用原型:

```
void push(const value_type& x)
```

3) 元素出栈

stack 容器的元素出栈函数为 pop()函数,由于该函数并没有判断堆栈是否为空,直接进行元素的弹出,因此需要自行判断堆栈是否为空,才可执行 pop()函数。以下是 pop()函数的使用原型:

```
void pop()
```

注意,它不返回元素。

4) 取栈顶元素

stack 容器的栈顶元素的读取函数为 top 函数,将取出最后入栈的元素。以下是它的使用原型:

```
value_type& top()
```

5) 堆栈非空判断

随着堆栈元素不断出栈,堆栈可能会出现空的情况,因此一般需要先调用 empty()函数以判断是否非空,再做元素出栈和取栈顶元素的操作。以下是 empty()函数的使用原型:

bool empty():判断堆栈是否为空,返回 true 表示堆栈已空,false 表示堆栈非空。

【例 8-13】 stack 应用示例。

```
#include <stack>
#include <iostream>
using namespace std;
int main(){
    stack<int> s;              //创建堆栈对象
    s.push(3);                 //元素入栈
    s.push(1);
    s.push(5);
    s.push(9);
    //元素依次出栈
    while(!s.empty()){
        cout << s.top()<<" ";  //输出栈顶元素
        s.pop();               //出栈,注意它不返回元素
    }
    cout << endl;
    return 0;
}
```

程序运行结果如下：

```
9 5 1 3
```

2. queue(队列)

queue 容器可以用来表示超市的结账队列或服务器上等待执行的数据库事务队列。如图 8-9 所示,队列是指仅限在一端进行插入,另一端进行删除的线性表。其中,允许删除元素的一端为队首；允许插入元素的一端为队尾；队列的插入操作称为入队,删除操作称为出队。对于任何需要用 FIFO(先进先出)准则处理的序列来说,使用 queue 容器适配器都是比较好的选择。

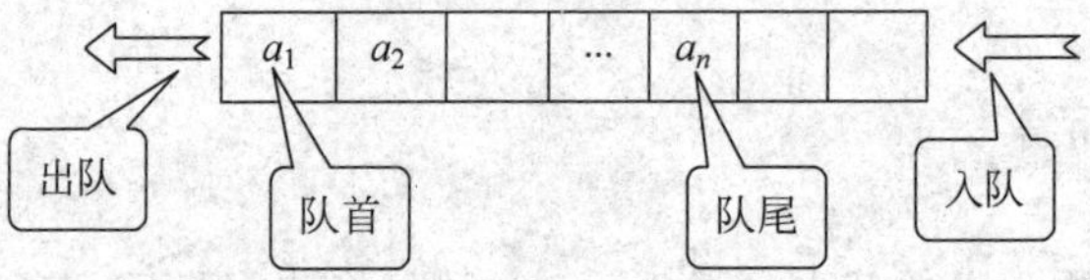

图 8-9 队列示意图

queue 和 stack 有一些相似的成员函数,但在一些情况下,工作方式有些不同,具体如下。

front()：返回 queue 中第一个元素的引用。

back()：返回 queue 中最后一个元素的引用。

push(const T& obj)：在 queue 的尾部添加一个元素的副本。

pop()：删除 queue 中的第一个元素。

size()：返回 queue 中元素的个数。

empty()：如果 queue 中没有元素的话,返回 true。

emplace()：用传给 emplace()的参数调用 T 的构造函数,在 queue 的尾部生成对象。

swap(queue<T> &other_q)：将当前 queue 中的元素和参数 queue 中的元素交换。它们需要包含相同类型的元素。也可以调用全局函数模板 swap()来完成同样的操作。

【例 8-14】 queue 应用示示例。

```
#include <iostream>
#include <queue>
#include <string>
using namespace std;
class Person {
    public:
        Person(string name, int age) {
            this->name = name;
            this->age = age;
        }
        string getName(){
            return name;
        }
        int getAge(){
            return age;
        }
    private:
        string name;
        int age;
};
int main() {
    queue<Person> q;
    //构建数据
    Person p1("唐僧", 100);
    Person p2("孙悟空", 200);
    Person p3("猪八戒", 300);
    Person p4("沙僧", 400);
    //入队
    q.push(p1);
    q.push(p2);
    q.push(p3);
    q.push(p4);
    //访问队列元素
    cout << "队列大小\t 队头元素\t\t 队尾元素" << endl;
    while (!q.empty()){
        cout << q.size()<<"\t\t";
        cout << q.front().getName()<<"\t";
        cout << q.front().getAge() << "\t\t";
        cout << q.back().getName() << "\t";
        cout << q.back().getAge() << endl;
        //出队
        q.pop();
    }
    cout << "均出队后的队列元素个数为：" << q.size();
```

```
    return 0;
}
```

程序运行结果如下：

```
队列大小          队头元素           队尾元素
4                唐僧    100        沙僧   400
3                孙悟空  200        沙僧   400
2                猪八戒  300        沙僧   400
1                沙僧    400        沙僧   400
均出队后的队列元素个数为：0
```

8.4.6 算法

算法(algorithm)是用模板技术实现的适用于各种容器的通用程序。算法常常通过迭代器间接地操作容器元素，而且通常会返回迭代器，作为算法运算的结果。

STL大约提供了70个算法，每个算法都是一个函数模板，能够在许多不同类型的容器上进行操作，各个容器可能包含着不同类型的数据元素。STL中的算法覆盖了在容器上实施的各种常见操作，如遍历、排序、检索、插入及删除元素等操作。要使用STL中的算法函数，必须包含头文件<algorithm>。

下面介绍STL中的几个常用算法。

1. sort算法

sort可以对指定容器区间内的元素进行排序，默认的排序方式是从小到大，也可以进行降序排序，其用法如下：

```
sort(beg,end)
```

[beg,end)是要排序的区间。注意，如果不包含end，sort将按从小到大的顺序对该区间的元素进行升序排序。如果要降序排序，其用法如下：

```
sort(beg,end,greater<T>())
```

T为要排序元素的类型。

对基本类型数组从小到大排序：

```
sort(数组名+n1,数组名+n2)
```

对基本类型数组从大到小排序：

```
sort(数组名+n1,数组名+n2,greater<T>())
```

对数组中下标从n1到n2－1的元素进行排序，通过n1和n2可以对整个或部分数组排序。

【例 8-15】 sort 算法应用示例。

```
#include <iostream>
#include <algorithm>
#include <vector>
using namespace std;
int main () {
    int a1[] = {5, -10,20,4,30,15,7};
    int a2[] = {-5,0,20,12,3,7,-2,50,22,88};
    sort(a1,a1+7);                        //升序排序 a1 数组中从下标 0 到下标 6 的元素
    cout <<"a1[]数组升序: ";
    for(int e : a1) {
        cout << e <<" ";
    }
    cout << endl;
    sort(a1,a1+7,greater<int>());     //降序排序 a1 数组中从下标 0 到下标 6 的元素
    cout <<"a1[]数组降序: ";
    for(int e : a1) {
        cout << e <<" ";
    }
    cout << endl;
    vector<int> v;
    for(int i = 0; i < 10; i++) {
        v.push_back(a2[i]);               //将 a2 数组中的元素插入 v 中
    }
    sort(v.begin(),v.end());              //升序排序 v 中的元素
    cout <<"v 升序: ";
    for(int e : v) {
        cout << e <<" ";                  //输出 v 中的元素
    }
    cout << endl;
    sort(v.begin(),v.end(),greater<int>());      //降序排序 v 中的元素
    cout <<"v 降序: ";
    for(int e : v) {
        cout << e <<" ";                  //输出 v 中的元素
    }
    cout << endl;
    return 0;
}
```

程序运行结果如下：

```
a1[]数组升序: -10 4 5 7 15 20 30
a1[]数组降序: 30 20 15 7 5 4 -10
v 升序: -5 -2 0 3 7 12 20 22 50 88
v 降序: 88 50 22 20 12 7 3 0 -2 -5
```

2. find 和 count 算法

find 用于查找指定数据在某个区间中是否存在，该函数返回等于指定值的第一个元

素位置，如果没有找到，就返回区间的最后元素位置；count 用于统计某个值在指定区间出现的次数。find 和 count 算法的用法如下：

```
find(beg,end,value)
count(beg,end,value)
```

[beg,end)是指定的区间。注意，不包含 end，常用迭代器位置描述该区间，value 是要查找或统计的值。

【例 8-16】 find 和 count 算法应用示例。

```
#include<iostream>
#include<list>
#include<algorithm>
using namespace std;
void main(){
    int arr[] = {77,20,40,30,55,40,60,25,10};
    int *ptr;
    ptr = find(arr,arr+9,40);                        //查找 40 在 arr 数组中的地址
    if(ptr == arr+9){
        cout<<"没找到!"<<endl;
    }else{
     cout<<"40 在数组中的下标是: "<<ptr - arr<<endl;   //减去数组首地址就是下标
    }
    list<int> L1;                                    //定义链表对象 L1
    int a1[] = {12,32,50,45,50,60,40};
    for(int i = 0; i < 7; i++)
        L1.push_back(a1[i]);                         //将 a1 数组中的元素加入 L1 中
    list<int>::iterator pos;
    pos = find(L1.begin(),L1.end(),80);
    if (pos != L1.end()) {
        cout<<"L1 链表中存在数据元素: " << *pos;       //输出找到的数据
        cout<<",它是链表中的第: " << distance(L1.begin(),pos) + 1
            <<"个节点!"<<endl;
        //distance 计算迭代器与链首元素间隔的元素个数
    }
    int n1 = count(arr,arr+10,40);                   //统计 arr 数组中 40 的个数
    int n2 = count(L1.begin(),L1.end(),50);          //统计 L1 中 50 的个数
    cout<<"arr 数组中有: "<<n1<<"个"<<40<<endl;
    cout<<"L1 链表中有: "<<n2<<"个"<<50<<endl;
}
```

程序运行结果如下：

```
40 在数组中的下标是: 2
arr 数组中有: 2 个 40
L1 链表中有: 2 个 50
```

3. search 算法

search 算法是在一个序列中搜索与另一序列匹配的子序列。search 用法如下：

```
search(beg1,end1,beg2,end2)
```

search 将在[beg1,end1)区间内查找有无与[beg2,end2)相同的子区间,注意,不包含 end1 和 end2,如果找到就返回[beg1,end1)内第一个相同元素的位置,如果没找到,返回 end1。

【例 8-17】 search 算法应用示例。

```
#include <iostream>
#include <vector>
#include <list>
#include <algorithm>
using namespace std;
void main(){
    int a1[] = {35,22,33,52,13,46,21,80};
    int a2[] = {33,52,13};
    int *ptr;
    ptr = search(a1,a1+8,a2,a2+3);          //查找 a2 数组在 a1 中的位置
    if(ptr == a1+8)
        cout<<"没找到!"<<endl;
    else
        cout<<"下标为: "<<(ptr-a1)<<endl;    //输出第一个匹配元素的位置
    vector<int> v;
    list<int> L;
    for(int i = 0; i<8; i++)
        v.push_back(a1[i]);                  //将 a1 数组中的元素插入 v 向量
    for(int j = 0; j<3; j++)
        L.push_back(a2[j]);                  //将 a2 数组中的元素插入 L 链表
    vector<int>::iterator pos;
    pos = search(v.begin(),v.end(),L.begin(),L.end());
    //在 v 中查找 L
    cout<<"下标为: "<<distance(v.begin(),pos)<<endl;
    //distance()计算找到元素在 v 中的下标
}
```

程序运行结果如下:

```
下标为: 2
下标为: 2
```

4. merge 算法

merge 可对两个有序的容器进行合并,将结果存放在第 3 个容器中。其用法如下:

```
merge(beg1,end1,beg2,end2,dest)
```

merge 将[beg1,end1)与[beg2,end2)区间合并,把结果存放在第 3 个容器中。注意,不包含 end1 和 end2,dest 是指向第 3 个容器中首元素的指针。需要注意是,第 3 个容器容量要足够大,能够容纳下[beg1,end1)与[beg2,end2)区间合并后所包含的元素,否则就会出错。如果[beg1,end1)与[beg2,end2)区间中的元素都是排好序的,那么合并后也是

有序的。

【例 8-18】 merge 算法应用示例。

```
#include <iostream>
#include <algorithm>
#include <vector>
using namespace std;
int main () {
    int arr1[] = {55,10,35,20,25};
    int arr2[] = {10,30,20,50,40};
    vector<int> v(10);                              //v 的容量是 10
    sort (arr1,arr1+5);                             //把 arr1 数组升序排序
    sort (arr2,arr2+5);                             //把 arr2 数组升序排序
    merge ( arr1, arr1+5,arr2,arr2+5,v.begin());    //合并 arr1 与 arr2 数组中的元素到 v 中
    cout << "合并之后:";
    for(int e : v){
        cout << e <<" " ;
    }
    cout << endl;
    return 0;
}
```

程序运行结果如下：

```
合并之后: 10 10 20 20 25 30 35 40 50 55
```

5. copy 算法

copy 算法可以将一个容器里面的元素复制到另一个容器中。其用法如下：

```
copy(beg1,end1,beg2)
```

copy 将[beg1,end1)区间的元素复制到第 2 个容器中，注意，不包含 end1，beg2 是指向第 2 个容器中首元素的指针。需要注意的是，第 2 个容器要能够容纳[beg1,end1)区间的元素，否则会出错。

【例 8-19】 copy 算法应用示例。

```
#include <algorithm>
#include <vector>
#include <iostream>
using namespace std;
int main() {
    int arr[] = {1,2,3,4,5,6,7,8,9};
    int newArr[9] = {0};
    copy(arr,arr+9,newArr);                  //把 arr[0]到 arr[8]复制到 newArr 中
    cout <<"newArr 数组: " ;
    for (int i=0;i<9;i++)
        cout << newArr[i] << " ";
    cout << endl;
```

```
    vector < int > v1 = {1,2,3,4,5},v2;
    v2.resize(v1.size());                      //设置 v2 的容量
    copy(v1.begin(),v1.end(),v2.begin());      //把 v1 中的元素复制到 v2 中
    cout <<"向量 v2: " ;
    for(int e:v2) {
        cout << e <<" ";
    }
    cout << endl;
    return 0;
}
```

程序运行结果如下：

```
newArr 数组: 1 2 3 4 5 6 7 8 9
向量 v2: 1 2 3 4 5
```

本章小结

模板是 C++特有的语言特性，它的存在使其可以定义通用函数和通用类，大大减少了程序员编程的代码量。函数模板不能直接使用，必须实例化成模板函数才能运行，这一过程由编译系统隐式实现。类模板在使用之前也要实例化为模板类，进而由模板类实例化成若干个对象，这一过程必须由程序员在程序中进行显式实现。与普通类一样，类模板可以有自己的静态数据成员和友元，也可以继承其他非模板类和模板类，还可以派生自己的子类。STL 提供了模板化的通用类和通用函数。该库包含了诸多在计算机科学领域里所常用的基本数据结构和基本算法，为广大 C++程序员们提供了一个可扩展的应用框架，高度体现了软件的可复用性。

上机实训

【实训目的】 理解类模板的作用；掌握类模板的定义，成员函数的实现和静态数据成员的初始化方法。理解类模板、模板类和模板类实例之间的关系；掌握模板的使用技巧。

【实训内容】 设计一个通用的集合类 Set，实现集合元素的添加与删除操作。

1. 定义类模板 Set

```
#include < iostream >
using namespace std;
#include < iomanip >
template < typename T >
class Set{
    static Set < T > * setInstance;
    T * elems;
```

```
    int size;                              //Set 对象容量
    int num;                               //Set 对象中实际元素的个数
    Set();                                 //构造函数设置成私有,因此在类外不能生成对象
public:
    static Set<T>* getInstance();          //静态函数,对外提供对象
    ~Set();
    void Empty();
    bool Add(T c);
    bool Remove(T c);
    void show();
};

template <typename T>
Set<T>::Set(){
    elems = new T[20];
    num = 0;
    size = 20;
}

template <typename T>
Set<T>::~Set(){
    if(elems){
        delete []elems;
        elems = 0;
    }
}

template <typename T>
void Set<T>::Empty(){
    num = 0;
}
template <typename T>
Set<T>* Set<T>::getInstance(){
    if(setInstance == 0){                  //若 setInstance 未初始化,创建它
        setInstance = new Set<T>();
    }
    return setInstance;
}

template <typename T>
bool Set<T>::Add(T c){                     //添加元素
    if(num >= size) return false;
    else{
        elems[num++] = c;
        return true;
    }
}

template <typename T>
```

```
bool Set<T>::Remove(T c){                    //删除元素
    int index = -1;
    for(int i = 0;i < num;i++){
        if(elems[i] == c){
            index = i;
            break;
        }
    }
    if(index!= -1){
        for(int i = index;i < num - 1;i++)
            elems[i] = elems[i + 1];
        num--;
    }
    else return false;

    return true;
}

template <typename T>
void Set<T>::show(){
    for(int i = 0;i < num;i++)
        cout << setw(3)<< elems[i];
    cout << endl;
}

template <typename T>
Set<T>* Set<T>::setInstance = 0;          //初始化静态数据成员
```

2. 定义时间类 Time

```
class Time {
    int hour;                          //时
    int minute;                        //分
    int sec;                           //秒
public:
    Time( int h, int m, int s);
    Time(){}
    friend istream& operator >>(istream&, Time&);
    friend ostream& operator <<(ostream&, Time&);
};
Time::Time(int h, int m, int s){
    hour = h;
    minute = m;
    sec = s;
}
istream& operator >>(istream& in, Time& t){
    in >> t.hour >> t.minute >> t.sec;
    return in;
}
```

```
ostream& operator <<(ostream& out, Time& t){
    out << t.hour <<":"<< t.minute <<":"<< t.sec;
    return out;
}
```

类 Time 中实现了插入符和提取符的重载,这样才能使类模板对类对象和标准数据类型的数据能够以一种统一的方式进行输入和输出处理。

3. 测试

```
int main () {
    Set < double > * s;
    s = Set < double >::getInstance();      //通过调用静态函数获取对象
    s -> Add(1);
    s -> Add(3);
    s -> Add(5);
    s -> show();
    s -> Remove(3);
    s -> show();
    Set < Time > * st;
    st = Set < Time >::getInstance();       //通过调用静态函数获取对象
    st -> Add(Time(10, 12, 25));
    st -> Add(Time(7, 10, 12));
    st -> show();
    delete s;                               //释放静态函数:getInstance()动态生成的对象
    delete st;                              //释放静态函数:getInstance()动态生成的对象
    return 0;
}
```

程序执行结果如下:

```
1 3 5
1 5
10:12:25 7:10:12
```

编　程　题

1. 编写一个对具有若干个元素的数组求中位数的程序,要求将求中位数的函数设计成函数模板,并使用 int 类型和 double 类型数组进行测试。

说明:中位数是把一组数据按照大小排序(一般为从小到大的顺序)后,居于这组数据的中间位置的一个数(或最中间两个数据的平均数)。设一组数据共有 n 个数据。当 n 为奇数时,这组数据的中第 $(n+1)/2$ 个数据即为这组数据的中位数;当 n 为偶数时,这组数据中的第 $n/2$ 个数据和第 $(n+2)/2$ 个数据的平均数,即为这组数据的中位数。求中位数不应该改变原数组。

2. 从键盘输入两组正整数到两个 vector 中,每组数据都以输入−1 为结束标志。分别对两组数据升序排序并输出;然后合并两组数据到第三个 vector 中并输出。

第 9 章　I/O 流

教学提示

C++语言的输入/输出(I/O)通过流类完成。作为 C++标准库的一个组件,流类库是一个利用多继承和虚拟继承实现的面向对象的类层次结构。它为基本数据类型的输入/输出提供支持,同时也支持文件的输入/输出。此外,还允许类的设计者通过重载来读写新的类类型。本章首先介绍什么是流,利用流如何实现格式化输入/输出,接下来讲解与文件和字符串有关的流处理。

9.1　C++ I/O 流及流类

C 语言中没有输入/输出流,主要通过一些库函数(如 printf()和 scanf())来完成程序中的输入和输出工作。然而,这种方法缺乏可靠性和安全性。例如,在输出一个 double 型数据的时候,不小心误用了%d 格式符,将会得到一个错误的输出。另外,C 语言的输入输出方法也缺乏扩展性,不允许输出用户自定义的数据类型。

在第 2 章我们简单介绍过,为了与 C 语言兼容,C++保留了使用 printf()和 scanf()进行输入/输出的方法。另外,又引入了一套新的输入/输出(Input/Output,I/O)操作方式,这就是 I/O 流。

所谓流,就是对在计算机内存和输入/输出设备之间传输的数据序列的一个形象的说法。输入流代表从外部设备流入计算机内存的数据序列;输出流代表从计算机内存流向外部设备的数据序列。流中的数据可以是 ASCII 字符、二进制形式的数据、数字图像等形式的信息。流实际上是一种对象,它在使用前被建立,使用后被删除。数据的输入/输出操作就是从流中提取数据或者向流中添加数据。通常把从流中提取数据的操作称为提取,即读操作;向流中添加数据的操作称为插入操作,即写操作。

在 C++中,输入和输出流被定义为流类,图 9-1 所示为 I/O 流类的层次结构。ios 流是所有流的基类,由它派生出的流用于完成整个输入和输出工作,表 9-1 列出了 I/O 流类的用途。

为了便于程序数据的输入/输出,C++预定义了 4 个标准输入/输出流对象。在程序中可以直接引用它们来输入/输出数据。其名称和含义见表 9-2。

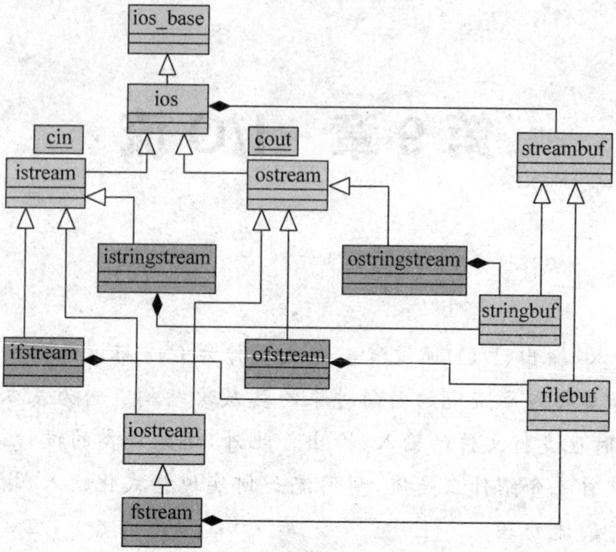

图 9-1　I/O 流类的层次结构

表 9-1　I/O 流类的用途

类　　名	用　　途	所在头文件
ios	抽象流基类	iostream
istream	通用输入流基类	
ostream	通用输出流基类	
iostream	通用输入/输出流基类	
ifstream	输入文件流类	fstream
ofstream	输出文件流类	
fstream	输入输出流类	
istringstream	输入字符串流	strstream
ostringstream	输出字符串流	
strstream	输入/输出字符串流	

表 9-2　C++预定义的流对象名称和含义

流对象名称	含　　义	默 认 设 备
cin	标准输入对象	键盘
cout	标准输出对象	显示器
cerr	标准错误输出对象	显示器
clog	带缓冲的标准错误输出对象	显示器

除使用预定义的流完成输入/输出，也可以声明自定义的流对象。例如：

```
istream in;
ostream out;
```

声明 in 为输入流对象，out 为输出流对象，然后就可以通过对象调用流类中的公有成员函数。

9.2 I/O 流类成员函数

C++预定义了 4 个流对象，通过这 4 个流对象可以完成基本数据的输入/输出操作。此外，流类中还提供了其他的成员函数，这些成员函数也能够完成数据的输入和输出。接下来介绍一下流类中常用成员函数的用法。

9.2.1 istream 流类常用成员函数

istream 类提供了基本数据类型的输入操作，它定义了一个提取运算符“>>”和 get()、getline()和 read()等成员函数。

1. 提取运算符>>

从流中获取数据的操作称为提取操作，提取操作通过提取运算符“>>”来完成。

为了完成所有基本数据的输入操作，istream 类对提取运算符进行了重载，其函数原型如下：

```
istream& operator >>(char * );
inline istream& operator >>(unsigned char * );
inline istream& operator >>(signed char * );
istream& operator >>(char &);
inline istream& operator >>(unsigned char &);
inline istream& operator >>(signed char &);
istream& operator >>(short &);
istream& operator >>(unsigned short &);
istream& operator >>(int &);
istream& operator >>(unsigned int &);
istream& operator >>(long &);
istream& operator >>(unsigned long &);
istream& operator >>(float &);
istream& operator >>(double &);
istream& operator >>(long double &);
istream& operator >>(streambuf * );
inlineistream&operator >>(istream&(_cdecl * _f)(istream&));
inline istream& operator >>(ios& (__cdecl  *  _f)(ios&));
```

当输入数据时，系统会自动根据数据类型，从这 18 个原型中选择合适的一个。由于提取运算符的返回值是一个 istream 对象的引用，因此可以使用如下形式进行输入：

```
cin >>变量 1 >>变量 2 >>...>>变量 n;
```

本书中所有出现 cin 的地方都可以用自定义的 istream 对象取代。为方便起见，直接使用 cin 进行叙述，以后不再提示。

2. 成员函数 get()

istream 中重载了 8 个函数 get(),分为 4 类。重载的成员函数 get()用法差异较大,见表 9-3。

表 9-3 成员函数 get()的原型和功能

原型	功能
int get()	从输入流中提取下一个字符
inline istream& get(char * c,int len,char = '\n')	从输入流中依次提取字符到字符数组 c 中,直到提取完 len−1 个字符,或遇到结束符(默认为换行符,下同)为止,结束符会保留在输入流中
inline istream& get(unsigned char * c,int len,char = '\n')	
inline istream& get(signed char * c,int len,char = '\n')	
istream& get(char &ch);	从输入流中提取一个字符到引用类型字符 ch 中,流结束时返回 0,否则返回 istream 对象引用
inline istream& get(unsigned char &ch)	
inline istream& get(signed char &ch)	
Istream& get(streambuf& buf,char = '\n')	从输入流中依次提取字符到 streambuf 的引用对象 buf 中,直到遇到换行符为止

与利用提取运算符">>"输入字符串不同的是,函数 get()允许字符为空格,而">>"则将空格视为字符串结束标记。

3. 成员函数 getline()

成员函数 getline()用于从输入流中提取多个字符到字符数组中,其原型为

```
inline istream& getline(char * c, int len, char = '\n');
inline istream& getline(unsigned char * c, int len, char = '\n');
inline istream& getline(signed char * c, int len, char = '\n');
```

该函数从输入流中读取 len−1 个字符(因为要留一个位置存放字符串结束符'\0')到数组 c 中,或者遇到指定的结束分隔符时就停止读取数据(默认的结束分隔符是'\n')。函数 getline()能够读入结束分隔符(但不会写入字符串)。函数 getline()会自动在字符串结尾添加一个字符串结束符'\0'。

与利用提取运算符">>"输入字符串不同的是,函数 getline()允许字符串中存在空格,而">>"则将空格视为字符串结束标记。

例如:

```
char c[30];
cin>> c;                    //输入字符串"I'm a good boy !",c 只能得到第一个空格前的"I'm"
cin.getline(c);             //c 可以得到"I'm a good boy !"
```

4. 成员函数 read()

成员函数 read()用于从输入流中依次提取 len 个字符到字符数组,其原型为

```
istream& read(char * buf, int len);
inline istream& read(unsigned char * buf, int len);
inline istream& read(signed char * buf, int len);
```

函数 read()不会自动在字符串结尾添加一个字符串结束符'\0'。函数 read()一般用于字符数据块的读取。read()从输入流中读取 len 字符到 buf 指向的缓存中,如果在还未读入 len 个字符时就到了输入流尾,可以用成员函数 int gcount()来取得实际读取的字符数。

5. 成员函数 ignore()

成员函数 ignore()从输入流中读取数据但不保存,实际上它是删除输入流中指定个数的字符(默认个数是 1),或者在遇到结束分隔符(默认是 EOF)时终止输入,其原型为

```
istream& ignore(int = 1, int = EOF);
```

【例 9-1】 用成员函数 get()和函数 getline()读取数据。

```
#include <iostream>
using namespace std;
int main() {
    char c, a[50], s[100];
    cout <<"use get() input char: ";
    while((c = cin.get()) != '\n') {
        cout << c;
    }
    cout << endl;
    cout <<"use get(a,10) input char: ";
    cin.get(a,10);              //遇到回车符会终止读取,但不会读取回车符
    cout << a << endl;
    cin.ignore(1);              //删除流中的一个字符(这里可能是前一个输入留下的回车符)
    cout <<"use getline(s1,10) input char: ";
    cin.getline(s,10);
    cout << s << endl;
    return 0;
}
```

程序运行结果如下:

```
use get() input char: abcd↙
abcd
use get(a,10) input char: 1234↙
1234
use getline(s1,10) input char: qwerty↙
qwerty
```

注:"↙"表示按 Enter 键。

9.2.2 ostream 流类常用成员函数

ostream 类提供了基本数据类型的输出操作,定义了一个插入运算符"<<"和两个成

员函数 put()和函数 write()。

1）插入运算符“<<”

向流中添加数据的操作称为插入操作，插入操作通过插入运算符“<<”来完成。

为了完成所有基本数据的输出操作，ostream 类对插入运算符进行了重载，其函数原型为

```
ostream& operator <<(const char * );
inline ostream& operator <<(const unsigned char * );
inline ostream& operator <<(const signed char * );
inline ostream& operator <<(char);
ostream& operator <<(unsigned char);
inline ostream& operator <<(signed char);
ostream& operator <<(short);
ostream& operator <<(unsigned short);
ostream& operator <<(int);
ostream& operator <<(unsigned int);
ostream& operator <<(long);
ostream& operator <<(unsigned long);
inline ostream& operator <<(float);
ostream& operator <<(double);
ostream& operator <<(long double);
ostream& operator <<(const void * );
ostream& operator <<(streambuf * buf);
inline ostream& operator <<(ostream&(_cdecl * _f)(ostream&));
inline ostream& operator <<(ios& (__cdecl * _f)(ios&));
```

当输出数据时，系统会自动根据数据类型，从这 19 个原型中选择正确的一个。由于插入运算符的返回值是一个 ostream 对象的引用，因此可以使用如下形式进行输出：

```
cout <<数据 1 <<数据 2 <<...<<数据 n;
```

注意：本书中所有出现 cout 的地方都可以用自定义的 ostream 对象取代。为方便起见，直接使用 cout 进行叙述，以后不再提示。

2）成员函数 put()

成员函数 put()的作用是将一个字符插入输出流中，其原型如下：

```
inline ostream& put(char ch);
ostream& put(unsigned char ch);
inline ostream& put(signed char ch);
```

与插入运算符“<<”类似，函数 put()的返回值类型也是 ostream 对象的引用，因此也可以使用如下形式进行输出：

```
cout.put('C').put('+').put('+');            //输出串“C++”
```

3）成员函数 write()

成员函数 write()的作用是从一个字符数组向输出流中插入若干个字符，其原型如下：

```
ostream& write(const char * buf, int n);
```

```
inline ostream& write(const unsigned char * buf, int n);
inline ostream& write(const signed char * buf, int n);
```

若 n 的值超过了字符数组 buf 的长度,则输出到 '\0' 自动结束。

【例 9-2】 用成员函数 put()及函数 write()输出数据。

```
#include <cstring>
#include <iostream>
using namespace std;
int main() {
    char c;
    char a[50] = "this is a string...";
    cout <<"use get() input char: ";
    while((c = cin.get()) != '\n') {          //用 get()读取字符,遇回车符结束
        cout.put(c);                          //将 c 中的字符输出
    }
    cout.put('\n');                           //输出一个回车换行符
    cout.put('m').put('e').put('\n');         //输出 me
    cout.write(a,strlen(a)).put('\n');        //使用 write()一次输出多个字符
    return 0;
}
```

程序运行结果如下：

```
use get() input char: hello! ↙
hello!
me
this is a string...
```

9.3　数据输入/输出的格式控制

在输入/输出数据时,还可以指定数据的输入/输出格式。例如,输出时数据左对齐或右对齐,按照八进制或十六进制输出整数等。C++语言中提供了两种输出控制方式：ios 流类的格式控制成员函数及 C++预定义控制符和控制符函数。

1. 使用成员函数控制输出格式

ios 是 C++所有流类的基类,它包含了流类的主要特征。其中,包含格式化标志和控制输出格式的成员函数。ios 中的常用格式化标志见表 9-4,用于控制输出格式的成员函数如表 9-5 所示。

表 9-4　ios 中的常用格式化标志

格式标志	作　用
ios::left	输出数据在本域宽范围内左对齐
ios::right	输出数据在本域宽范围内右对齐

续表

格式标志	作　用
ios::internal	数值的符号位在域宽内左对齐,数值右对齐,中间由填充字符填充
ios::dec	设置整数的基数为 10
ios::oct	设置整数的基数为 8
ios::hex	设置整数的基数为 16
ios::showbase	强制输出整数的基数(八进制以 0 打头,十六进制以 0x 打头)
ios::showpoint	强制输出浮点数的小点和尾数 0
ios::uppercase	在以科学计数法输出 E 和十六进制输出字母 X 时,以大写表示
ios::showpos	输出正数时,给出"+"号
ios::scientific	设置浮点数以科学计数法(即指数形式)显示
ios::fixed	设置浮点数以固定的小数位数显示
ios::unitbuf	每次输出后刷新所有流
ios::stdio	每次输出后清除 stdout,stderr

表 9-5　ios 中常用的用于控制输出格式的成员函数

成员函数	作　用
precision(n)	将浮点精度设置为 n
width(w)	设置输出数据项的域宽为 w
fill(ch)	用 ch 填充空白字符
setf()	设置输出格式状态,括号内需要给出参数
unsetf()	终止已设置状态,括号内的参数同 setf()

【例 9-3】 用 ios 流类成员函数控制输出。

```
#include <iostream>
#include <iomanip>
using namespace std;
int main(){
    int n;
    cout <<"Input a hex number:";
    cin >> hex >> n;                         //输入一个十六进制数到 n 中
    cout <<"Dec:"<< n << endl;
    cout.setf(ios::showbase);                //设置输出进制基数
    cout.unsetf(ios::dec);                   //取消按十进制输出
    cout.setf(ios::hex);                     //设置按十六进制输出
    cout <<"hex:"<< n << endl;
    cout.unsetf(ios::hex);                   //取消按十六进制输出
    cout.setf(ios::oct);                     //设置按八进制输出
    cout <<"Oct:"<< n << endl;
    cout.unsetf(ios::oct);                   //取消按八进制输出
    char * s = "Hello!";
    cout.width(10);                          //设置输出宽度为 10
    cout << s << endl;
    cout.width(10);
    cout.fill(' ');                          //用空格填充
```

```
    cout << s << endl;
    double pi = 3.1415926;
    cout.setf(ios::showpos);                    //设置在正数前加"+"
    cout << pi << endl;
    cout.unsetf(ios::showpos);
    cout.setf(ios::scientific);                 //设置用科学计数法输出浮点数
    cout.precision(3);                          //设置输出精度为 3
    cout << pi << endl;
    cout << 123.456789 << endl;
    return 0;
}
```

程序运行结果如下：

```
Input a hex number:ff↙
Dec:255
hex:0xff
Oct:0377
    Hello!
    Hello!
+3.14159
3.142e+000
1.235e+002
```

在利用成员函数控制输出时，有些设置是互斥的(如 ios::hex、ios::oct 和 ios: dec)，一定要先终止已经设置的格式，新的格式才能生效。

2. 使用控制符和控制符函数控制输入/输出格式

C++语言中提供了丰富的控制符和控制符函数，用于控制数据的输入和输出操作。表 9-6 列出了常用的输入/输出控制符和控制符函数。其中，前面加"*"号的为默认控制符函数，前面加"+"的控制符函数在使用时需要包含 iomanip 头文件。对于同一组控制符或控制符函数(如 dec 和 hex、setiosflags(ios::left)和 setiosflags (ios::right))应该互斥使用，否则起作用的是最后设置的控制。

表 9-6　输入/输出控制符和控制符函数

控制符和控制符函数	作　用
dec	以十进制显示整数
hex	以十六进制显示整数
oct	以八进制显示整数
ws	提取空白字符
endl	插入换行符，刷新 ostream 缓冲区
ends	插入空字符，刷新 ostream 缓冲区
flush	刷新 ostream 缓冲区
* setiosflags(ios::fixed)	以小数形式显示浮点数
setiosflags(ios::scientific)	以科学计数法形式显示浮点数

续表

控制符和控制符函数	作　用
setiosflags(ios::left)	输出数据左对齐
setiosflags(ios::right)	输出数据右对齐
setiosflags(ios::internal)	输出数据中间对齐
setiosflags(ios::showbase)	输出进制基数
* setiosflags(ios::noshowbase)	不输出进制基数
setiosflags(ios::showpoint)	总是显示小数点
* setiosflags(ios::noshowpoint)	只有当小数部分存在时才显示小数点
setiosflags(ios::showpos)	非负数前显式+
* setiosflags(ios::noshowpos)	非负数前不显示+
setiosflags(ios::uppercase)	在十六进制下显示 0X，科学计数法中显示 E
* setiosflags(ios::nouppercase)	在十六进制下显示 0x，科学计数法中显示 e
setiosflags(ios::boolalpha)	以字符串形式输出 true 和 false
* setiosflags(ios::noboolalpha)	以 0 和 1 形式输出 true 和 false
* setiosflags(ios::skipws)	输入操作时跳过前面的空白字符
setiosflags(ios::noskipws)	输入操作时不跳过前面的空白字符
+setfill(ch)	用 ch 填充空白字符
+setprecision(n)	将浮点精度设置为 n
+setw(w)	设置输入/输出数据项的域宽为 w
+setbase(b)	设置数据输出的基数为 b(b=8,10,16)

【例 9-4】 用控制符和控制符函数控制输出。

```
#include <iostream>
#include <iomanip>
using namespace std;
int main(){
    int n;
    cout <<"Input a hex number:";
    cin >> hex >> n;                                  //输入一个十六进制数到 n 中
    //以十六进制和十进制形式输出
    cout <<"Hex:"<< hex << n <<" Dec:"<< dec << n << endl;
    //以十六进制形式输出,并显示基数
    cout <<"Hex:"<< setiosflags(ios::showbase)<< hex << n << endl;
    cout <<"Oct:"<< setbase(8)<< n << endl;           //以八进制形式输出
    char * s = "Hello! ";
    cout << setfill(' ')<< setw(10)<< s << endl;      //设置域宽为 10,空白处填充空格
    cout << setw(10)<< s << endl;                     //设置域宽为 10
    double pi = 3.1415926;
    cout << setiosflags(ios::showpos)<< pi << endl;   //以小数形式输出
    //以科学记数法形式输出,设置 3 位小数
    cout << setiosflags(ios::scientific)<< setprecision(3)<< pi << endl;
    return 0;
}
```

程序运行结果如下：

```
Input a hex number:ff ↙
Hex:ff Dec:255
Hex:0xff
Oct:0377
    Hello!
    Hello!
+3.14159
+3.142e+000
```

由运行结果可知，对于有些控制符，它会影响后面所有与之有关的输出。例如，当按十六进制输出数据时，设置了 setiosflags(ios::showbase)控制，在按八进制输出时，虽然没有设置该控制，但输出结果却输出了数据基数。有些控制则不会影响后续的输出，如 setfill(' ')。事实上，所有的 setiosflags()都会影响后续输出，其他则不会。

9.4 插入符和提取符的重载

利用提取运算符“>>”和插入运算符“<<”可以实现基本类型数据的输入和输出，但如果想要完成自定义类型数据的输入和输出，必须对它们进行重载。重载的格式为

```
istream &operator >>(istream&, <自定义类型> &);
ostream &operator <<(ostream&, <自定义类型> &);
```

由于插入符和提取符函数的第一个参数是流对象，而第二个参数是自定义类型，因此插入符和提取符函数只能重载为友元函数，而不能重载为类的成员函数。

【例 9-5】 重载插入符和提取符。

```
#include <iostream>
using namespace std;
class MyComplex{                                        //复数类
    double real;                                        //实部
    double imag;                                        //虚部
public:
    MyComplex(int r, int i):real(r) , imag(i){}
    MyComplex(){}
    friend istream& operator >>(istream&, MyComplex&);
    friend ostream& operator <<(ostream&, MyComplex&);
};
istream& operator >>(istream& in, MyComplex& mc){       //重载提取符
    cout <<"Input real part and imaginary part of a complex number:";
    in >> mc.real >> mc.imag;
    return in;
}
ostream& operator <<(ostream& out, MyComplex& mc){      //重载插入符
    out <<"("<< mc.real;
    if(mc.imag >= 0)
        out <<"+";
    out << mc.imag <<"i"<<")";
```

```
    return out;
}
int main(){
    MyComplex c1, c2;
    cin >> c1 >> c2;
    cout <<"c1 = "<< c1 << endl;
    cout <<"c2 = "<< c2 << endl;
    return 0;
}
```

程序运行结果如下：

```
Input real part and imaginary part of a complex number:2 3 ↙
Input real part and imaginary part of a complex number:4 -6 ↙
c1 = (2 + 3i)
c2 = (4 - 6i)
```

MyComplex 类重载了插入运算符和提取运算符。

当 MyComplex 类的对象 c 使用 cout << c 形式进行输出时，系统自动将其解释为：operator <<(cout, c)调用 ostream& operator <<(ostream&, MyComplex&)。

当使用 cin >> c 形式进行输入时，系统自动将其解释为：operator >>(cin,c)调用 istream& operator >>(istream&,MyComplex&)。

思考：友元函数中的 return in；和 return out 语句的作用是什么？

9.5 文件操作

C++语言中的文件操作也是基于流的。C++通过以下几个类支持文件的输入/输出。

(1) ofstream：写操作(输出)的文件类(继承自 ostream)。

(2) ifstream：读操作(输入)的文件类(继承自 istream)。

(3) fstream：可同时读写操作的文件类(继承自 iostream)。

使用这些文件操作类需要包含头文件：#include <fstream>。在利用流对文件进行操作时，通常需要四个步骤：创建文件流类的对象→打开文件→对文件进行读写操作→关闭文件。

9.5.1 文件的打开与关闭操作

在读写一个文件之前，必须先要打开，使用完之后要关闭。

1. 打开文件

打开文件，指定文件的工作方式(如该文件是文本文件还是二进制文件，对文件进行输入还是输出等)，为文件的读写做好准备。文件的打开有两种方式，具体如下。

1）利用流对象的构造函数打开文件

ifstream、ofstream 和 fstream 类都提供了相应的构造函数，允许在创建流对象时直接打开文件：

```
ifstream:: ifstream ( const char *  szName,  int nMode = ios:: in,  int nProt  =  filebuf::
openprot );
ofstream:: ofstream ( const char *  szName,  int nMode = ios:: out,  int nProt  =  filebuf::
openprot );
fstream::fstream(const char * szName, int nMode, int nProt = filebuf::openprot );
```

其中，参数 szName 为文件名，包含文件路径。参数 nMode 为文件打开方式，见表 9-7，可以取这些值中的一个或几个进行按位或运算。参数 nPort 为文件的存取属性，其中 filebuf::openprot 代表兼容共享，filebuf::sh_red 代表读共享，filebuf::sh_write 代表隐藏文件，filebuf::sh_none 代表独占。

表 9-7　文件打开方式

文件打开方式	作　用
ios::in	打开一个输入文件。用这个标志作为 ifstream 的打开方式，可避免删除一个已有的文件中的内容
ios::out	打开一个输出文件，对于 ofstream 对象，该方式是默认的
ios::app	以追加的方式打开一个输出文件
ios::ate	打开一个已有文件(用于输入或输出)并查找到结尾
ios::nocreate	如果一个文件已存在，则打开它，否则失败
ios::noreplace	如果一个文件不存在，则创建它，否则失败
ios::trunc	打开一个文件。如果文件存在，删除旧的文件。如果指定 ios::out，但没有指定 ios::ate、ios::app 和 ios::in，默认为该方式
ios::binary	打开一个二进制文件，默认为文本文件

【例 9-6】 实现任意类型文件的复制。

```
#include <fstream>
#include <iostream>
using namespace std;
int main() {
    ifstream fin("a.txt");          //创建输入流对象,并打开文件,默认为 ios::in
    if(!fin) {                      //若创建文件失败,则出错
        cerr <<"Can\'t open file a.txt"<< endl;
        exit(1);
    }
    ofstream fout("b.txt");         //创建输出流对象,并打开文件,默认为 ios::out
    if(!fout) {
        cerr <<"Can\'t open file b.txt"<< endl;
        exit(1);
    }
    char ch;
    while(fin.get(ch)) {            //源文件流结束时返回 0,否则返回 istream 对象引用
        fout.put(ch);               //写入目标文件
```

```
    }
    fin.close();                        //关闭源文件
    fout.close();                       //关闭目标文件
    return 0;
}
```

本程序创建了两个文件流对象 fin 和 fout，并同时打开两个文件。fin 负责从源文件读入数据，fout 负责将数据写入目标文件。需要注意的是，源文件应该在程序运行前就已经存在。如果给出的文件名不带路径，需要在 Dev-C++项目所在文件夹下建立源文件，目标文件可以不用自己创建，程序运行时如果目标文件不存在会自动创建。例如，项目名是 FileCopy，需要在 FileCopy 项目文件夹下创建 a. txt 文件。

2）利用 open()函数打开文件

open()函数定义在 fstreambase 类中，并在其派生类 ifstream、ofstream 和 fstream 中重定义，其原型为

```
void open( const char * szName, int nMode, int nProt = filebuf::openprot );
```

其中，各参数的含义同构造函数中的参数。

【例 9-7】 向文件 myfile 中写入数据，然后读取并显示在屏幕上。

```
#include <fstream>
#include <iostream>
using namespace std;
int main(){
    ofstream fout;
    fout.open("D:\\myfile.txt");                    //这里使用的是文件的绝对路径
    if(!fout){                                       //如果文件打不开
        cerr <<"Can't open myfile.txt"<< endl;
        exit(1);                                     //退出程序
    }
    fout <<"张三"<<" "<< 76 <<" "<< 98 <<" "<< 67 << endl;
    fout <<"李四"<<" "<< 89 <<" "<< 70 <<" "<< 60 << endl;
    fout <<"王五"<<" "<< 91 <<" "<< 88 <<" "<< 77 << endl;
    fout <<"黄二"<<" "<< 62 <<" "<< 81 <<" "<< 75 << endl;
    fout <<"刘六"<<" "<< 90 <<" "<< 78 <<" "<< 67 << endl;
    fout.close();

    ifstream fin;
    fin.open("D:\\myfile.txt",ios::in|ios::binary);  //以二进制方式打开文件
    char name[10];
    int chinese,math,computer;
    cout <<"姓名\t"<<"英语\t"<<"数学\t"<<"计算机\t"<<"总分"<< endl;
    fin >> name;                                    //调用 eof()函数之前必须先读取文件
    while(!fin.eof()){                              //当文件没有读取完
        fin >> chinese >> math >> computer;
        cout << name <<"\t"<< chinese <<"\t"<< math <<"\t"<< computer <<"\t"
             << chinese + math + computer << endl;
        fin >> name;
```

```
    }
    fin.close();
    return 0;
}
```

程序运行结果如下：

```
姓名    英语    数学    计算机    总分
张三    76      98      67        241
李四    89      70      60        219
王五    91      88      77        256
黄二    62      81      75        218
刘六    90      78      67        235
```

执行程序后，打开D盘下的myfile.txt文件，文件内容就如运行结果所示。

C++为以二进制方式操作文件提供了一个用于判断文件是否读到文件尾的函数eof()，该函数用于判断文件是否结束。当eof()函数返回值为真时文件结束。

注意：在Windows中，文件的绝对路径是指从盘符开始的路径，路径分隔符使用反斜杠"\"或斜杠"/"都可以。使用反斜杠"\"时需要写两个，即以双反斜杠"\\"作为路径分隔符，这是因为"\"在字符串中是特殊字符，需要转义。文件的相对路径是指从当前目录开始的路径。对于Dev-C++项目，当前目录是当前项目文件夹。例如，a.txt表示当前项目文件夹下的a.txt文件，files/b.txt表示当前项目文件夹下的files子文件夹下的b.txt文件。一般建议使用文件的相对路径，不建议使用绝对路径。

2. 关闭文件

当一个文件使用完时，一定要执行close()操作关闭文件。每一个文件都有一个称为文件控制块(file control block，FCB)的数据结构，用于存储文件的属性、长度等信息。在文件操作过程中，尤其以写方式打开的文件，其属性可能发生改变，如文件长度等，关闭操作会将这些信息写回FCB。

另外，为了减少磁盘的启动次数，提高系统的性能，操作系统在内存和磁盘进行数据交换时使用了一种称为缓冲的机制，即输入(出)的数据先读(写)到缓冲区中，一旦缓冲区满了或程序中显式使用了刷新缓冲操作，才一次性地读(写)到内存(磁盘)。因此，当程序结束时，输入/输出缓冲中可能尚有数据没有来得及读入(写到)内存(磁盘)，这样会造成数据的丢失。而函数close()中包含了刷新缓冲操作，因此在使用文件操作时，一定不要忘记使用完后利用函数close()将文件关闭。

9.5.2 文本文件的读/写操作

在打开文件时，如果不指定以二进制的形式打开，那么默认访问方式是文本访问方式，例9-6和例9-7中所操作的就是文本文件。下面再举一个例子。

【**例9-8**】 将一个文件中的大写字符转换成小写字符，写入另一个文件。

```
#include <fstream>
#include <iostream>
using namespace std;
int main(){
    fstream fin, fout;
    fin.open("a.txt", ios::in);         //打开源文件
    if(!fin){
        cerr<<"Can't open a.txt"<< endl;
        exit(1);
    }
    fout.open("b.txt", ios::out);       //打开目标文件
    if(!fout){
        cerr<<"Can't open b.txt"<< endl;
        exit(1);
    }
    char ch;
    while(fin.get(ch)){                 //源文件流结束时返回 0,否则返回 istream 对象引用
        if(ch >=  'A'&& ch <=  'Z')
            ch += 32;                   //大写字母加 32 变成相应的小写字母
        fout.put(ch);
    }
    fin.close();                        //关闭文件
    fout.close();                       //关闭文件
    return 0;
}
```

思考：当每次读写一个字符时，如果使用提取运算符和插入运算符，可以吗？例如，将例 9-8 中的 while 循环体部分改写成：

```
while(fin >> ch){
    if(ch >= 'A' && ch <= 'Z')
        ch += 32;
    fout << ch;
}
```

答案是否定的。因为提取运算符不会读取空格和回车，所以源文件中的空格和回车不会写到目标文件中。

9.5.3 二进制文件的读/写操作

在以二进制方式打开文件时，需要在函数 open()或构造函数中加上 ios::binary 方式。从二进制文件中读取数据可以使用函数 read()，向二进制文件中写入数据可以使用 write()函数。

【例 9-9】 设计一个 Student 类，从键盘输入每个学生的姓名、学号、年龄、地址等数据，并将每个学生的信息保存在文件 student.dat 中，然后将文件中的个人信息读出并显示。

```
#include <fstream>
#include <cstring>
#include <iostream>
using namespace std;
class Student {
    private:
        char name[20];          //姓名
        char id[10];            //学号
        int age;                //年龄
        char addr[50];          //地址
    public:
        Student() {}
        Student(char * name,char * id,int age, char * addr) {
            strcpy(this->name,name);
            strcpy(this->id,id);
            strcpy(this->addr,addr);
            this->age = age;
        }
        void display() {
            cout << name <<"\t"<< id <<"\t"<< age <<"\t"<< addr << endl;
        }
};
int main() {
    char ch;
    ofstream out("student.dat",ios::out|ios::app|ios::binary);
    if(!out) {
        cerr <<"Can\'t open student.dat"<< endl;
        exit(1);
    }
    char name[20],id[10],addr[50];
    int age;
    cout <<" -------- 输入个人档案 -------- "<< endl << endl;
    do {
        cout <<"姓名: ";
        cin >> name;
        cout <<"学号: ";
        cin >> id;
        cout <<"年龄: ";
        cin >> age;
        cout <<"地址: ";
        cin >> addr;
        Student student(name,id,age,addr);
        out.write((char *)&student,sizeof(student));
        cout <<"Enter another student (y/n)?";
        cin >> ch;
    } while(ch == 'y');
    out.close();
    ifstream in("student.dat",ios::in|ios::binary);
    cout <<" -------- 输出个人档案 -------- "<< endl << endl;
```

```
    cout <<"姓名\t 学号\t 年龄\t 地址"<< endl;
    Student student;
    in.read((char * )&student,sizeof(student));
    while(!in.eof()) {
        student.display();
        in.read((char * )&student,sizeof(student));
    }
    return 0;
}
```

程序运行结果如下：

```
--------输入个人档案--------

姓名: aaa
学号: 1
年龄: 22
地址: qqqeer
Enter another student (y/n)?y
姓名: zzz
学号: 12
年龄: 21
地址: fddgdsgdsf
Enter another student (y/n)?n
--------输出个人档案--------

姓名    学号    年龄    地址
aaa     1       22      qqqeer
zzz     12      21      fddgdsgdsf
```

(1) 在建立 ofstream out 对象时,参数中使用了 ios::app,这样文件是使用添加方式打开的,写入文件中的数据会添加到文件的末尾(否则默认是覆盖方式)。

(2) 由于函数 write()原型的第一个参数为 const char * ,函数 read()的第一个参数为 char * ,类型,与 Student 不一致,因此首先要将其类型强制转换成字符指针。

(3) 使用函数 eof()需要注意的是,先对文件进行一次读取操作之后,然后调用函数 eof()判断文件是否已经读取结束了,否则,读取文件会错误。

9.5.4 文件的随机读/写操作

C++语言中的文件以流的形式进行处理,系统使用一个文件指针用于记录流的当前位置。为了增加灵活性,istream 类和 ostream 类提供了几个成员函数,用于控制对文件的随机读/写:

```
istream& istream::seekg(pos);          //将输入文件指针移到 pos 位置
istream& istream::seekg(off, pos)      //以 pos 为基础将输入文件指针移到 off 位置
ostream& ostream::seekp(pos)           //将输出文件指针移到 pos 位置
ostream& ostream::seekp(off, pos)      //以 pos 为基础将输出文件指针移到 off 位置
```

```
streampos istream::tellg();              //获得输入文件指针的位置
streampos ostream::tellp();              //获得输出文件指针的位置
```

函数名中的 g 是 get 的缩写，p 是 put 的缩写，所以带 g 的都与输入文件有关，带 p 的都与输出文件有关。pos 为 long 型整数，正数为向后移动，负数为向前移动；pos 为如下枚举值：

```
ios::beg    文件开头(beg 是 begin 的缩写)
ios::cur    文件指针的当前位置(cur 是 current 的缩写)
ios::end    文件末尾
```

例如：

```
fin.seekg( - 10, ios::cur);              //将文件指针从当前位置向前移动 10 个字节
fout.seekp(10, ios::beg);                //将文件指针从文件开头向后移动 10 个字节
```

【例 9-10】 随机读/写文件。

```
# include < fstream >
# include < iostream >
using namespace std;
class Employee{
private:
    int number,age;
    char name[20];
    double salary;
public:
    Employee(){}
    Employee(int number,char * name,int age, double salary){
        this - > number = number;
        strcpy(this - > name,name);
        this - > age = age;
        this - > salary = salary;
    }
    void display(){
        cout << number <<"\t"<< name <<"\t"<< age <<"\t"<< salary << endl;
    }
};
int main(){
    ofstream out("Employee.dat",ios::out|ios::binary);   //定义随机输出文件
    if(!out){
        cerr <<"Can\'t open Employee.dat"<< endl;
        exit(1);
    }
    Employee e1(1,"张三",20,2520);
    Employee e2(2,"李四",30,3510);
    Employee e3(3,"王五",40,4220);
    Employee e4(4,"赵六",50,4520);
    out.write((char * )&e1,sizeof(e1));                  //按 e1、e2、e3、e4 的顺序写入文件
    out.write((char * )&e2,sizeof(e2));
```

```
    out.write((char *)&e3,sizeof(e3));
    out.write((char *)&e4,sizeof(e4));
    //下面的代码将e3(即王五)的年龄改为35岁
    Employee e5(3,"王五",35,4220);
    out.seekp(2 * sizeof(e1));            //指针定位到第3(起始为0)个数据块
    out.write((char *)&e5,sizeof(e5));    //将e5写到第3个数据块位置,覆盖e3
    out.close();                          //关闭文件
    //以二进制方式建立输入文件
    ifstream in("Employee.dat",ios::in|ios::binary);
    if(!in){
        cerr<<"Can\'t open Employee.dat"<<endl;
        exit(1);
    }
    Employee s1;                          //s1用于保存从文件中读取的数据
    cout<<"\n-------从文件中读出第3个人的数据-----\n\n";
    in.seekg(2 * (sizeof(s1)),ios::beg);  //文件指针定位到第3个数据块
    in.read((char *)&s1,sizeof(s1));      //读取第3个雇员的数据块
    s1.display();
    cout<<"\n---------从文件中读出全部的数据------\n\n";
    in.seekg(0,ios::beg);                 //移动文件指针,指向文件开头
    in.read((char *)&s1,sizeof(s1));      //读取第1个数据块
    while(!in.eof()){                     //如果没有读完文件,就继续读
        s1.display();                     //显示读取的雇员数据
        in.read((char *)&s1,sizeof(s1));  //读取当前文件指针处的数据
    }
    return 0;
}
```

程序运行结果如下：

```
-------从文件中读出第3个人的数据-----

3    王五    35    4220

---------从文件中读出全部的数据------

1    张三    20    2520
2    李四    30    3510
3    王五    35    4220
4    赵六    50    4520
```

9.6 字符串流类 stringstream

stringstream类是C++提供的一个字符串流类,和之前学过的iostream类、fstream类有类似的操作方式,如果要使用stringstream类,就必须包含头文件：#include <sstream>。

<sstream>库定义了三种类,即istringstream、ostringstream和stringstream,分别

用来进行流的输入、输出和输入/输出操作。一般情况下使用 stringstream 类就足够了，因为字符串要频繁地涉及输入/输出。与文件流 fstream 类似，通过插入运算符“<<”和提取运算符“>>”可以直接对 stringstream 上的数据进行输入/输出。

stringstream 类常用的成员函数如下。

(1) string str()：用于将 stringstream 流中的数据以 string 字符串的形式返回。

(2) string str (const string& s)：以参数字符串覆盖 stringstream 流中的数据。

(3) void clear()：清空流的状态。

在对同一个 stringstream 对象重复赋值时，就需要先对流使用函数 clear()，清空流的状态。stringstream 类的用途主要有下面几种。

(1) 用于拼接字符串。

【例 9-11】 拼接字符串示例。

```
#include <iostream>
#include <string>
#include <sstream>
using namespace std;
int main() {
    stringstream ss;
    ss << "hello ";
    ss << "world!";
    cout << ss.str() << endl;
    return 0;
}
```

程序运行结果如下：

```
hello world!
```

(2) 用于分割字符串。

【例 9-12】 分割由逗号分隔的字符串示例。

```
#include <iostream>
#include <sstream>
#include <string>
using namespace std;
int main() {
    string s = "ab,cd,e,fg,h";
    int n = s.size();                    //字符串长度
    //把字符串中的逗号替换成空格
    for (int i = 0; i < n; ++i) {
        if (s[i] == ',') {
            s[i] = ' ';
        }
    }
    istringstream out(s);
    string str;
    while (out >> str) {                 //提取运算符“>>”遇到空格读取结束
```

```
        cout << str <<' ';
    }
    cout << endl;
    return 0;
}
```

程序运行结果如下：

```
ab cd e fg h
```

(3) 字符串与其他变量类型的转换。

【例 9-13】 字符串与其他变量类型的转换示例。

```
#include <iostream>
#include <sstream>
#include <string>
using namespace std;
int main() {
    double   dVal;
    int      iVal;
    string   str;
    stringstream ss;

    //string -> double
    str = "123.456789";
    ss << str;
    ss >> dVal;
    cout << "dVal: " << dVal << endl;

    //string -> int
    str = "654321";
    ss.clear();
    ss << str;
    ss >> iVal;
    cout << "iVal: " << iVal << endl;

    //int -> string
    iVal = 50;
    ss.clear();
    ss << iVal;
    ss >> str;
    cout << "str: " << str << endl;
    return 0;
}
```

程序运行结果如下：

```
dVal: 123.457
iVal: 654321
str: 50
```

(4) stringstream 与 fstream。可以将文件流中的数据输出到 C++字符串中，它们之间的媒介是缓冲区 streambuf，可由流的成员函数 rdbuf()读取。

【例 9-14】 将文件流中的数据输出到 C++字符串中的示例。

```
#include <iostream>
#include <sstream>
#include <fstream>
using namespace std;
int main() {
    string str;
    ifstream in;
    in.open("Hello.txt");
    //读取文件的缓冲内容到数据流中
    stringstream ss;
    ss << in.rdbuf();
    in.close();                          //关闭文件
    str = ss.str();                      //将 stringstream 流中的数据赋值给 string 类型字符串
    const char * p = str.c_str();  //还可以将字符串内容转化为 C-string 类型
    return 0;
}
```

本 章 小 结

本章介绍了 C++中的流类及常用成员函数的用法。C++中提供了两种输出控制方式：ios 流类的格式控制成员函数及 C++预定义的控制符和控制符函数，利用重载提取运算符“>>”和插入运算符“<<”实现自定义类型数据的输入和输出。同时，还介绍了 C++中提供的文件流类 ifstream、ofstream 和 fstream 以及字符串流类 stringstream 的使用。

上 机 实 训

【实训目的】 结合面向对象的相关知识和技巧，重点掌握 C++语言的 I/O 标准输入/输出流操作及文件流操作。

【实训内容】 设计一个图书类 Book，包括书名、出版社、作者、定价等数据成员。从键盘读入若干本书的各项数据，并将这些书的相关数据写入磁盘文件 book.dat 中，然后从 book.dat 中读出各图书数据，计算所有图书的总价值，并显示每本图书的详细信息。要求每本图书信息显示在一行上。

```
/******************** Book.h头文件 ********************/
class Book{
    private:
    char bookName[50];
```

```
    char publisherName[50];
    char authorName[20];
    double price;
public:
    Book();
    Book(char *,char *,char *,double);
    ~Book(void);
    char * getBookName();
    char * getPublisherName();
    char * getAuthorName();
    double getPrice();
};

/******************** Book.cpp 文件 ********************/
#include "Book.h"
#include <string>
using namespace std;
Book::Book(){}
Book::Book(char * bookName,char * publisherName,char * authorName,double price){
    strcpy(this->bookName,bookName);
    strcpy(this->publisherName,publisherName);
    strcpy(this->authorName,authorName);
    this->price=price;
}
Book::~Book(void){}
char * Book::getBookName(){
    return bookName;
}
char * Book::getPublisherName(){
    return publisherName;
}
char * Book::getAuthorName(){
    return authorName;
}
double Book::getPrice(){
    return price;
}

/******************** main.cpp 文件 ********************/
#include "Book.h"
#include <iostream>
#include <vector>
#include <fstream>
using namespace std;
int main(){
    vector<Book> p;                    //用来存放 Book 对象的容器
    vector<Book>::iterator pos;
    char ch;
    ofstream out("book.dat",ios::out|ios::app|ios::binary);
```

```
    char bookName[50],publisherName[50],authorName[10];
    double price;
    cout <<"--------输入图书数据--------"<< endl << endl;
    do{
        cout <<"书名: "; cin >> bookName;
        cout <<"出版社名: "; cin >> publisherName;
        cout <<"作者名: "; cin >> authorName;
        cout <<"价格: "; cin >> price;
        Book s1(bookName,publisherName,authorName,price);
        out.write((char *)&s1,sizeof(s1));
        cout <<"是否还要输入下一本书数据 (y/n)?";cin >> ch;
    } while(ch == 'y');
    out.close();                        //关闭文件
    ifstream in("book.dat",ios::in|ios::binary);
    if(!in){
        cerr <<"cannot open file book.dat!"<< endl;
        exit(0);
    }
    Book s1;
    in.read((char *)&s1,sizeof(s1));
    while(!in.eof()){
        p.push_back(s1);                //把从文件中读出的对象放入容器
        in.read((char *)&s1,sizeof(s1));
    }
    in.close();                         //关闭文件
    cout <<"\n---------从文件中读出的数据--------"<< endl << endl;
    double totalPrice = 0;
    for(pos = p.begin(); pos != p.end(); pos++){
        cout <<(*pos).getBookName()<<"\t"<<(*pos).getPublisherName()<<"\t"<<(*pos).
getAuthorName()<<"\t"<<(*pos).getPrice()<< endl;
        totalPrice += (*pos).getPrice();
    }
    cout <<"\n图书总价格: "<< totalPrice << endl;
}
```

运行结果:

```
--------输入图书数据--------

书名:     qqq
出版社名: www
作者名:   eee
价格:     45
是否还要输入下一本书数据 (y/n)?y
书名:     aaa
出版社名: sss
作者名:   ddd
价格:     35
是否还要输入下一本书数据 (y/n)?n
```

```
---------从文件中读出的数据--------

qqq     www     eee     45
aaa     sss     ddd     35

图书总价格：80
```

编 程 题

1. 编写一个程序，实现文件复制（源文件和目标文件名从键盘输入）。

2. 编写一个程序，统计某个文本文件中字母、数字和其他字符的个数，文件名从键盘输入。

3. 文件标题：乘积尾零。

有如下10行数据，每行有10个整数，求出它们的乘积末尾有多少个零。把下面这些数字存放到文件中，程序从文件读取这些数字。

```
5650  4542  3554  473   946   4114  3871  9073  90    4329
2758  7949  6113  5659  5245  7432  3051  4434  6704  3594
9937  1173  6866  3397  4759  7557  3070  2287  1453  9899
1486  5722  3135  1170  4014  5510  5120  729   2880  9019
2049  698   4582  4346  4427  646   9742  7340  1230  7683
5693  7015  6887  7381  4172  4341  2909  2027  7355  5649
6701  6645  1671  5978  2704  9926  295   3125  3878  6785
2066  4247  4800  1578  6652  4616  1113  6205  3264  2915
3966  5291  2904  1285  2193  1428  2265  8730  9436  7074
689   5510  8243  6114  337   4096  8199  7313  3685  211
```

解题思路：所有的0都一定是2×5产生的，所以将每个数拆成一堆2乘以上一堆5再乘以上一个数，之后统计有多少个2和多少个5，取少的那个就是答案。

第 10 章　面向对象编程实例

教学提示

面向对象分析方法(object-oriented analysis,OOA)是在一个系统的开发过程中进行了系统业务调查以后,按照面向对象的思想分析问题,主要工作是设计类和类的关系结构。面向对象设计(object-oriented design,OOD)是在 OOA 的基础上设计问题域部分、人机交互部分、任务管理部分和数据管理部分。本章通过一个简单的示例介绍面向对象的分析与设计方法。

面向对象的方法和面向过程的方法都是对复杂问题进行拆解,二者最大的区别是它们的拆解视角不同。面向过程认为世界是由一个个互相关联的子系统组成,每个子系统有着严格的因果、依赖关系,而面向对象则认为世界是由互相独立的对象构成。面向过程的方法把现实世界看作一个过程化的处理流程,流程的各步骤之间环环相扣、层层递进。当问题域的复杂度较低时,这种分析方法容易把控,但随着业务规模的增加,引起变化的因素越来越多,要把所有可能的因素都考虑清楚,然后把处理过程描述出来就不那么容易了。面向对象的方法巧妙地规避了上述困难,它通过分析问题域里的对象来构造系统,而这些对象之间是互相独立的、没有交错的。更重要的是,面向对象可以对问题域逐层拆解,抽象出层次不同的对象。统一建模语言(unified modeling language,UML)是一种为面向对象系统的产品进行说明、可视化和编制文档的一种标准语言。UML 不仅具有简单、统一的特点,而且能表达软件设计中的动态和静态信息,因此 UML 是面向对象设计的建模工具。

10.1　面向对象分析与设计的过程

面向对象分析与设计的过程可以归纳为以下几个阶段:用例建模(需求模型)→概念建模(分析模型)→系统建模(设计模型)→代码设计(实现模型),本节重点介绍前三个阶段。

1. 用例建模(需求模型)

如图 10-1 所示,在现实世界中,用户与系统的交互方式是系统建模的重要依据,因此获取和明确用户需求是构建系统的前提。用例建模就是先将用户的具体需求抽象成一个个用例,再将这些用例封装在一个黑盒子里,这个黑盒子即为系统模型,而现实中的用户就是这些用例的参与者。用例模型的产出物是用例模型，包括用例图、用例等。

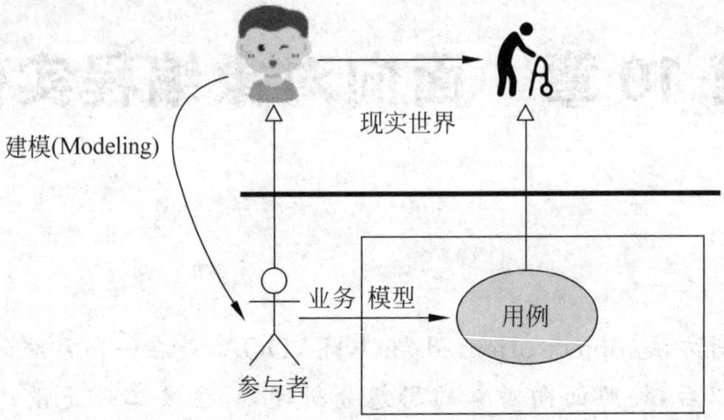

图 10-1　用例建模原理

现实世界映射到用例模型后，使用参与者和用例这两个 UML 的核心元素表达模型信息。参与者是系统之外直接与系统进行有意义交互的任何事物，用例是参与者在系统中进行的一系列有价值的操作。参与者作为一个特定事件的驱动者，用例则描述了这个驱动者的业务目标。

2. 概念建模(分析模型)

概念建模是建立适合计算机理解和实现的模型，即概念模型或分析模型。分析模型向上映射了原始需求，向下为计算机实现规定了一种高层次的抽象，是一种过渡模型。这个阶段专注于对业务用例展开分析，挖掘重要的领域实体、业务规则，并建立这些领域概念之间的关系，最终形成概念模型。概念建模原理如图 10-2 所示。

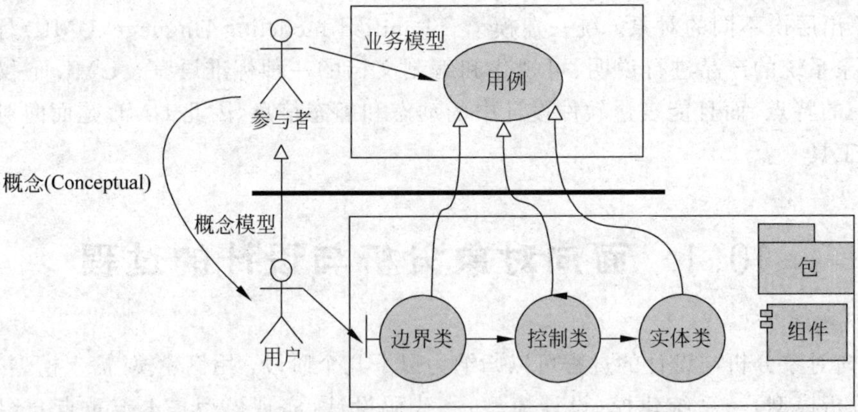

图 10-2　概念建模原理

3. 系统建模(设计模型)

概念建模得出了一些领域对象，接下来需要基于领域对象设计系统类，这个过程就是面向对象的设计过程。设计模型主要包括两部分：静态模型和动态模型。设计建模原理如图 10-3 所示。

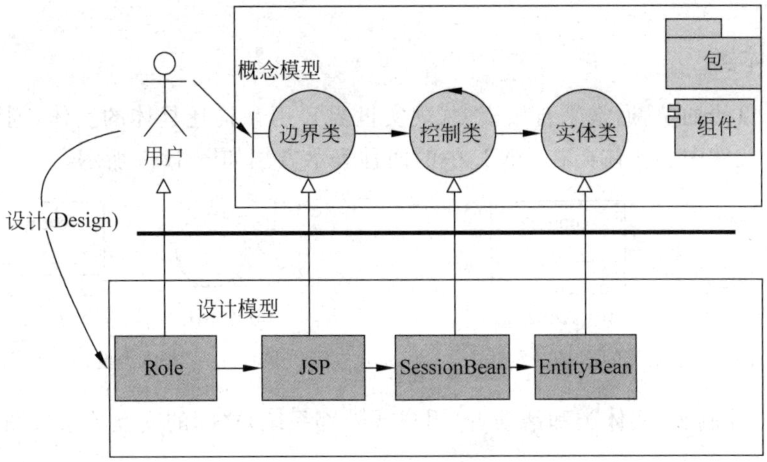

图 10-3　设计建模

静态模型主要关注系统里的静态对象，包括类、类的属性、类的函数，类与类之间的关系。动态模型主要关注系统里的动态行为，描述对象的状态变化过程、对象之间的协作关系。动态模型设计的基础是类已经设计完毕，根据业务用例，把业务流程、对象的状态变化、类之间的协作、调用时序等描述出来，并通过可视化的图形呈现。动态模型设计的产出物主要是状态图、活动图和时序图等。

10.2　边界类、控制类和实体类

UML 中的类有边界类、控制类和实体类三种主要板型。引入边界类、控制类及实体类的概念有助于分析和设计人员确定系统中的类。区分类的板型有助于建立一个健壮的对象模型，这是因为对模型进行的变更往往只会影响某一特定部分。例如，用户界面的变更仅会影响边界类，控制流的变更仅会影响控制类，长期信息的变更仅会影响实体类。

1. 边界类

边界对象的抽象，通常指用来完成参与者(用户或外部系统)与系统之间交互的对象。对于基于窗口的 GUI 应用程序来说，通常每个窗口或窗体都对应一个边界类。边界类在 UML 中的两种表示方法如图 10-4 所示。

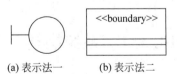

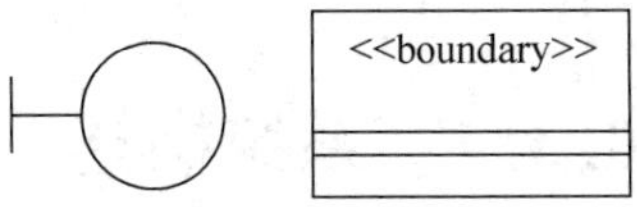

(a) 表示法一　　(b) 表示法二

图 10-4　边界类的两种表示法

2. 控制类

控制对象的抽象，主要用来体现应用程序的执行逻辑，将其抽象出来，可以使执行逻辑变化不影响用户界面和数据库中的表。控制类的对象有效地将边界对象与实体对象分开，让系统更能适应其边界内发生的变更。这些控制类还将用例所特有的行为与实体对象分开，使实体对象在系统中具有更高的复用性。控制类在 UML 中的两种表示方法如

图 10-5 所示。

3. 实体类

实体对象的抽象，通常来自域模型(现实世界)，用来描述具体的实体，通常映射到数据库表格与文件中。实体类在 UML 中的两种表示方法如图 10-6 所示。

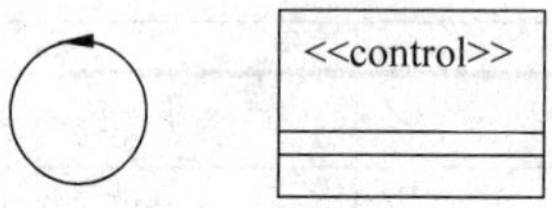

(a) 表示法一　(b) 表示法二

图 10-5　控制类的两种表示法

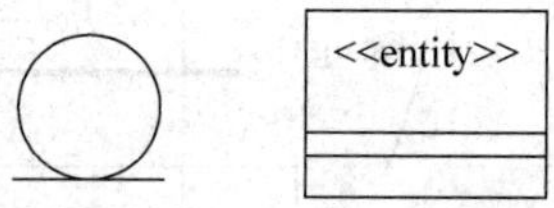

(a) 表示法一　(b) 表示法二

图 10-6　实体类的两种表示法

边界类、控制类、实体类和活动者(用户或外部系统)之间的交互关系如图 10-7 所示。

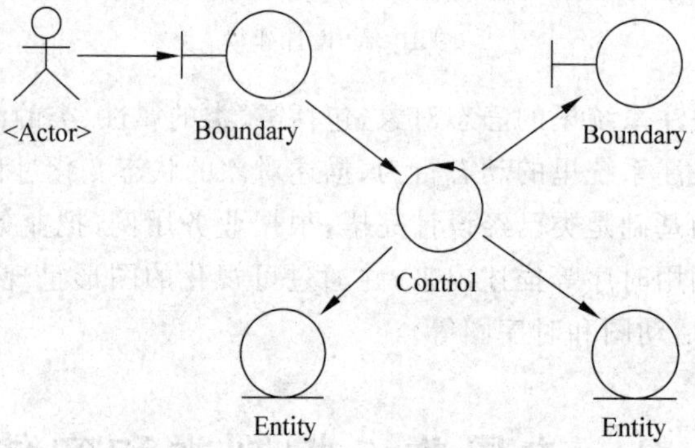

图 10-7　边界类、控制类、实体类和活动者之间的交互关系

(1) 活动者(Actor)只与边界对象(boundary)交互。

(2) 边界对象只与活动者、控制类对象(control)交互。

(3) 实体对象(entity)只与控制类对象交互。

(4) 控制对象可以与边界对象、实体对象以及其他控制对象交互，但不能直接与活动者交互。

10.3 通讯录程序设计

10.3.1 系统描述

设计一个通讯录管理程序，实现如下用户所需要的功能。

(1) 编辑通讯录(添加、修改和删除联系人)。

(2) 按联系人姓名查找联系人详细信息。

(3) 列出所有联系人详细信息。

要求：程序运行时，从文件中读入通讯录；程序退出时，将通讯录写入文件；通讯录至少应该有姓名、地址、电话、邮编和 E-mail 数据项。

10.3.2 系统分析与设计

1. 用例建模

在开发系统之前，最重要的工作是获取用户的需求，而在用户需求中最重要的是用户提出的系统功能性需求，这可以借助用例图将用户的需求可视化。用例图（use case diagram）是由参与者（actor）、用例（use case）以及它们之间的关系构成的用于描述系统功能的视图，是参与者的外部用户所能观察到的系统功能的模型图。用例是系统中的一个功能单元。用例图列出系统中的用例和系统外的参与者，并显示哪个参与者参与了哪个用例的执行。根据用户对系统功能需求的描述，系统用例图如图 10-8 所示。参与者用下面带有名字的小人来标示，表示与软件系统交互的人、组织或者外部软件系统。用例使用椭圆标示，说明软件系统的功能。

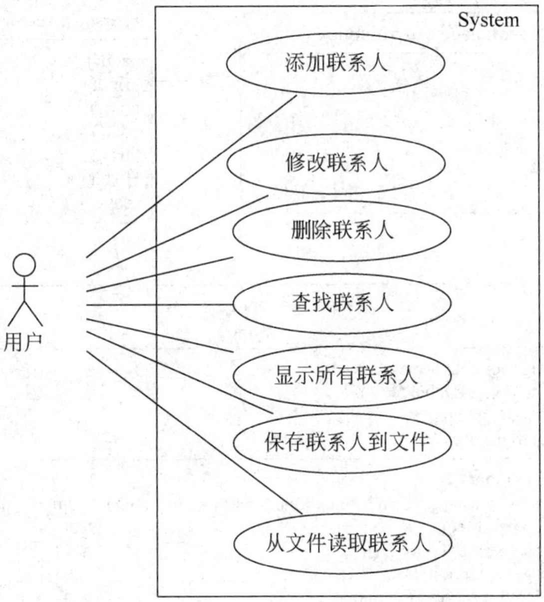

图 10-8 系统用例图

2. 概念建模

1）设计实体类

通讯录实体是由若干联系人实体组成的，需要设计一个联系人 Person 类（实体类），此类的对象用来存储通讯录中的一个联系人信息。Person 类的数据成员应该包括姓名、地址、电话、邮编和 E-mail。Person 类的成员函数应该包含构造函数、与数据成员对应的函数 getter()和函数 setter()。

2）设计控制类

设计一个通讯录管理类 AddressBookManage（控制类），负责处理通讯录管理的业务逻辑。AddressBookManage 类需要管理通讯录实体(由若干联系人实体组成),所以 AddressBookManage 类应该包含一个通讯录实体子对象。因为 AddressBookManage 类负责处理通讯录管理的业务逻辑,所以应该包含编辑通讯录(添加、修改和删除联系人)、按联系人姓名进行查找、列出所有联系人信息、将通讯录写入文件、从文件读入通讯录等方法。

3) 设计边界类

设计一个与用户进行交互的边界类 AppInterface,向用户提供编辑通讯录(添加、修改和删除联系人)、按联系人姓名进行查找、列出所有联系人信息功能接口(这些功能由控制类具体实现)。

设计的边界类 AppInterface、控制类 AddressBookManage 和实体类 Person 的类图如图 10-9 所示。

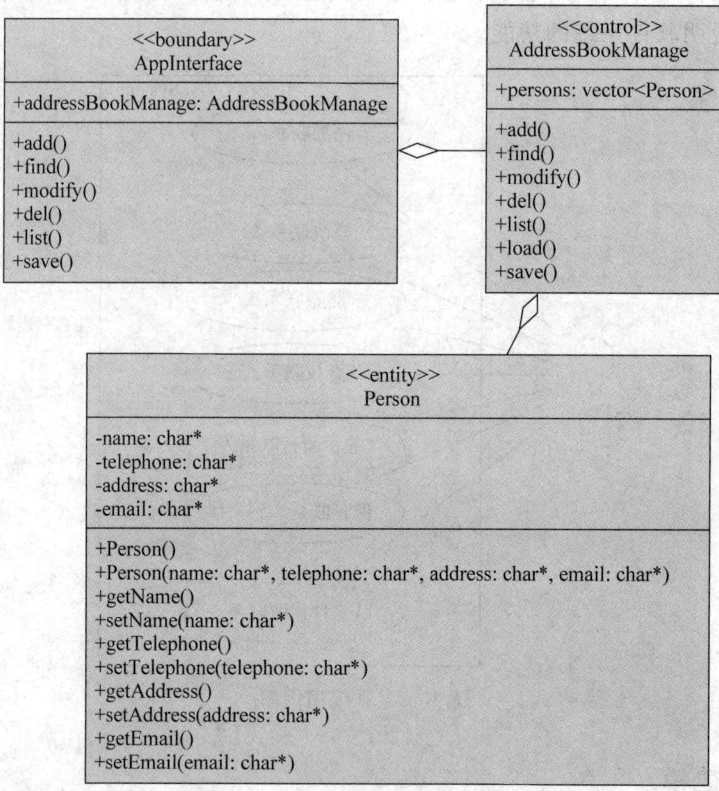

图 10-9　边界类、控制类和实体类的类图

类图用于描述系统中所包含的类以及它们之间的相互关系。在类图中,类使用包含类名、属性和函数且带有分割线的矩形来表示。属性和函数名称前的"+"和"-"表示了这个属性和函数的可见性,"+"表示 public,"-"表示 private。

类之间用带空心菱形的实线表示聚合关系。成员对象是整体对象的一部分,聚合关系表示两个类之间是整体与部分的关系,空心菱形指向整体类。

3. 系统建模

时序图(sequence diagram)也称序列图,是一种 UML 交互图。它通过描述对象之间发送消息的时间顺序,显示多个对象之间的动态协作。时序图用于描述对象是如何交互的,并且将重点放在消息序列上。也就是说,描述消息是如何在对象间发送和接收的。时序图有两个坐标轴：横坐标轴显示对象,纵坐标轴显示时间。

时序图中包括如下信息。

(1) 角色(actor)：可以是人或者其他系统。

(2) 对象(object)：时序图中的对象使用矩形将“对象名：所属类名”包含起来,并且名称下有下画线,其中对象名可以省略。

(3) 生命线(lifeline)：代表时序图中的对象在一段时期内存在。时序图中每个对象和底部中心都有一条垂直的虚线,这就是对象的生命线,对象间的消息存在于两条生命线之间。

(4) 激活(activate)：待激活时是虚线,当对象处于激活时期,生命线可以拓宽为矩形,这个矩形条称为激活条。

(5) 消息(message)：对象之间传递信息的方式,消息按照时间顺序从上向下画出。

本系统为基于控制台的简单程序,不涉及图形界面或 Web 页面,静态模型的类、类的属性、类的函数,类与类之间的关系已在前面完成,这里需要设计动态模型。由于系统简单,这里只画出各个用例实现的时序图。

(1) 添加联系人。添加联系人的时序图如图 10-10 所示。

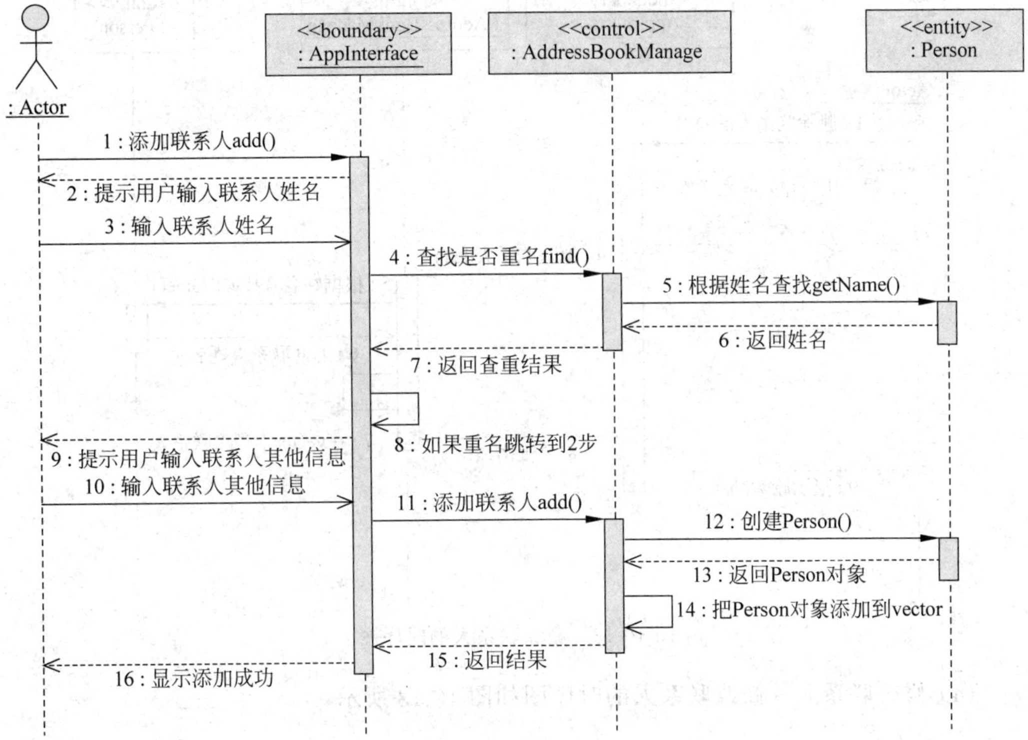

图 10-10　添加联系人的时序图

(2)查找联系人。查找联系人的时序图如图 10-11 所示。

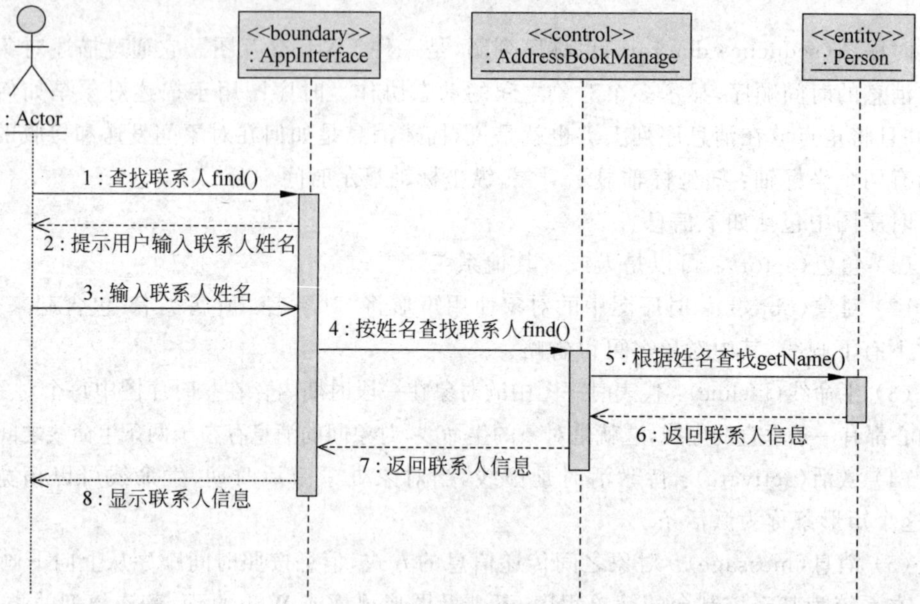

图 10-11 查找联系人的时序图

(3)删除联系人。删除联系人的时序图如图 10-12 所示。

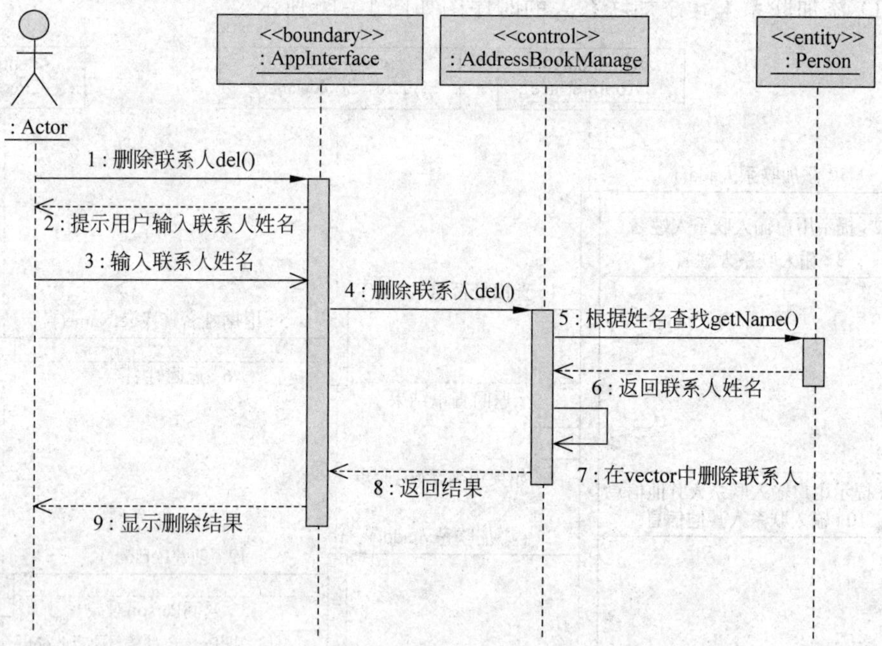

图 10-12 删除联系人的时序图

(4)修改联系人。修改联系人的时序图如图 10-13 所示。

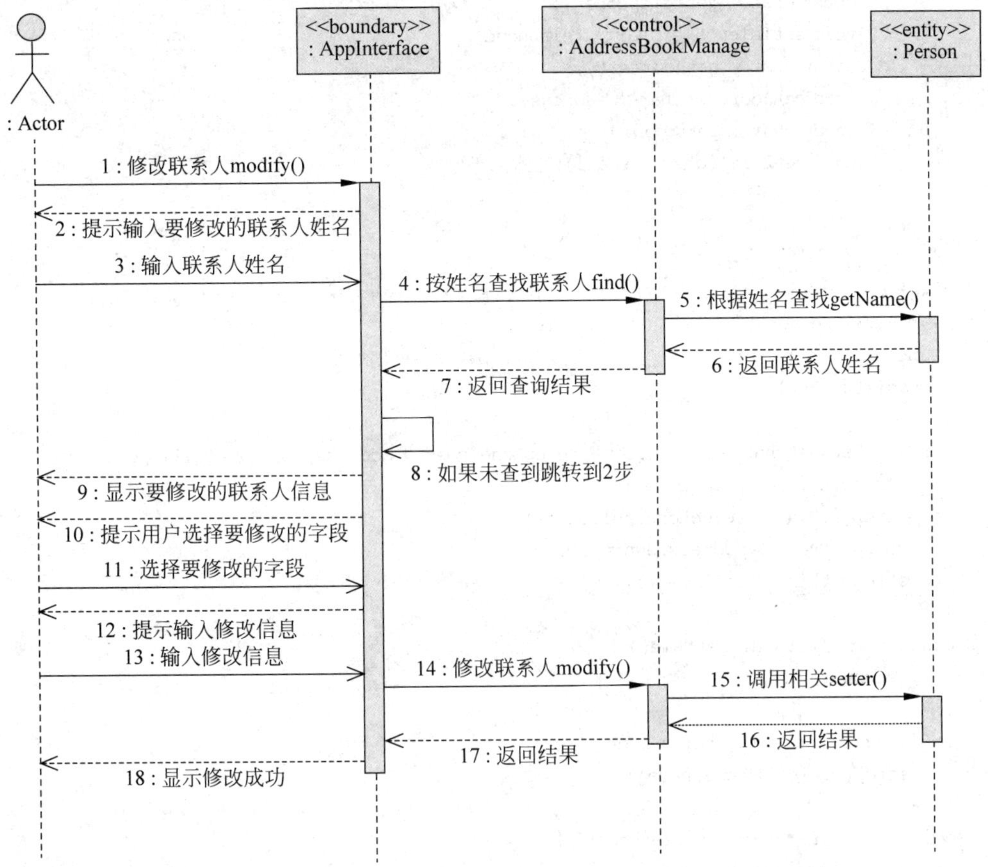

图 10-13　修改联系人的时序图

10.3.3　系统实现

1. 实体类

```
/********************* Person.h 头文件 *********************/
#ifndef PERSON_H
#define PERSON_H
class Person {
    private:
        char name[20];              //姓名
        char telephone[12];         //电话
        char address[50];           //住址
        char email[20];             //电子邮箱
    public:
        Person();
        Person(char *name,char *telephone,char *address,char *email);
        const char* getName();
        void setName(char *name);
```

```
        const char * getTelephone();
        void setTelephone(char * telephone);
        const char * getAddress();
        void setAddress(char * address);
        const char * getEmail();
        void setEmail(char * email);
};
#endif

/******************** Person.cpp 文件 ********************/
#include "Person.h"
#include <cstring>                    //strcpy()所在头文件
Person::Person() {
}
Person::Person(char * name,char * telephone,char * address,char * email) {
    strcpy(this->name,name);
    strcpy(this->telephone,telephone);
    strcpy(this->address,address);
    strcpy(this->email,email);
}
const char * Person::getName() {
    return name;
}
void Person::setName(char * name) {
    strcpy(this->name,name);
}
const char * Person::getTelephone() {
    return telephone;
}
void Person::setTelephone(char * telephone) {
    strcpy(this->telephone,telephone);
}
const char * Person::getAddress() {
    return address;
}
void Person::setAddress(char * address) {
    strcpy(this->address,address);
}
const char * Person::getEmail() {
    return email;
}
void Person::setEmail(char * email) {
    strcpy(this->email,email);
}
```

2. 控制类

```
/******************** AddressBookManage.h 头文件 ********************/
#ifndef ADDRESSBOOKMANAGE_H
```

```
#define ADDRESSBOOKMANAGE_H
#include "Person.h"
#include <vector>
#include <string>
class AddressBookManage {
    private:
        std::vector<Person> persons;    //用于存储联系人的容器子对象
    public:
        AddressBookManage();
        void load();                    //从文件加载联系人到 persons 中
        void save();                    //把 persons 中的联系人保存到文件中
        void add(char *name,char *telephone,char *address,char *email);
                                        //添加联系人到 persons 中
        std::string find(char *name);   //在 persons 中按姓名查找联系人
        void modify(char *name,char flag,char *info); //在 persons 中按姓名修改联系人
        bool del(char *name);           //在 persons 中按姓名删除联系
        std::string list();             //返回 persons 中的所有联系人信息
};
#endif

/******************** AddressBookManage.cpp 文件 ********************/
#include "AddressBookManage.h"
#include <fstream>
#include <cstring>
#include <sstream>
using namespace std;
AddressBookManage::AddressBookManage() {
    load();                             //从文件加载联系人到 persons 中
}
void AddressBookManage::load() {
    ifstream iFile("address.dat",ios::in|ios::binary);
    if(!iFile) return;                  //如果文件不存在就返回
    Person p;
    iFile.read((char*)&p,sizeof(p));
    while(!iFile.eof()) {               //从文件加载联系人到 persons 中
        persons.push_back(p);
        iFile.read((char*)&p,sizeof(p));
    }
    iFile.close();
}
void AddressBookManage::save() {
    ofstream oFile("address.dat",ios::out|ios::binary);
    vector<Person>::iterator pos;
    //把 persons 中的联系人保存到文件中
    for(pos = persons.begin(); pos != persons.end(); pos++) {
        oFile.write((char*)&(*pos),sizeof(Person));
    }
    oFile.close();
}
```

```
void AddressBookManage::add(char * name,char * telephone,char * address,char * email) {
    Person person(name,telephone,address,email);
    persons.push_back(person);
}
string AddressBookManage::find(char * name) {
    stringstream ss;
    vector < Person >::iterator pos;
    for(pos = persons.begin(); pos != persons.end(); pos++) {
        if(strcmp(pos -> getName(),name) == 0) {
            ss <<"\t 姓名: "<< pos -> getName()<< endl;
            ss <<"\t 电话: "<< pos -> getTelephone()<< endl;
            ss <<"\t 住址: "<< pos -> getAddress()<< endl;
            ss <<"\t 电子邮箱: "<< pos -> getEmail()<< endl;
            break;
        }
    }
    return ss.str();
}
void AddressBookManage::modify(char * name,char flag,char * info) {
    vector < Person >::iterator pos;
    for(pos = persons.begin(); pos != persons.end(); pos++) {
        if(strcmp(pos -> getName(),name) == 0) {
            switch(flag) {
                case '1':
                    pos -> setTelephone(info);
                    break;
                case '2':
                    pos -> setAddress(info);
                    break;
                case '3':
                    pos -> setEmail(info);
                    break;
                default:
                    break;
            }
            break;
        }
    }

}
bool AddressBookManage::del(char * name) {
    vector < Person >::iterator pos;
    for(pos = persons.begin(); pos != persons.end(); pos++) {
        if(strcmp(pos -> getName(),name) == 0) {
            persons.erase(pos);
            return true;
        }
    }
    return false;
```

```
}
string AddressBookManage::list() {
    stringstream ss;
    vector<Person>::iterator pos;
    for(pos = persons.begin(); pos != persons.end(); pos++) {
        ss <<"\t 姓名: "<< pos->getName();
        ss <<"\t 电话: "<< pos->getTelephone();
        ss <<"\t 住址: "<< pos->getAddress();
        ss <<"\t 电子邮箱: "<< pos->getEmail()<< endl;
    }
    return ss.str();
}
```

3. 边界类

```
/********************* AppInterface.h 头文件 *********************/
#ifndef APPINTERFACE_H
#define APPINTERFACE_H
#include "AddressBookManage.h"
class AppInterface {
    private:
        AddressBookManage addressBookManage; //通讯录管理类对象
    public:
        void add();                          //向用户提供添加功能
        void find();                         //向用户提供查找功能
        void del();                          //向用户提供删除功能
        void modify();                       //向用户提供修改功能
        void list();                         //向用户提供列表功能
        void save();                         //向用户提供保存功能
};
#endif

/********************* AppInterface.cpp 文件 *********************/
#include "AppInterface.h"
#include <iostream>
using namespace std;
void AppInterface::add() {
    char name[20];                           //姓名
    char telephone[12];                      //电话
    char address[50];                        //住址
    char email[20];                          //电子邮箱
    bool flag = true;
    while(flag) {
        cout <<"\t 请输入联系人姓名: ";
        cin >> name;
        string result = addressBookManage.find(name);
        if(!result.empty()) {
            cout <<"\t 联系人姓名已存在!";
            continue;
```

```
        }
        flag = false;
    }
    cout <<"\t 请输入联系人电话：";
    cin >> telephone;
    cout <<"\t 请输入联系人住址：";
    cin >> address;
    cout <<"\t 请输入联系人电子邮箱：";
    cin >> email;
    addressBookManage.add(name,telephone,address,email);
    cout <<"\n\t 添加成功!"<< endl;
}
void AppInterface::find() {
    char name[20];
    cout <<"\t 请输入要查找的联系人姓名：";
    cin >> name;
    string str = addressBookManage.find(name);
    if(str.empty()) {
        cout <<"\t 要查找的联系人不存在!"<< endl;
    } else {
        cout <<"\n\t---------- 查询结果 ----------"<< endl;
        cout << str << endl;
        cout <<"\t------------------------------"<< endl;
    }
}
void AppInterface::del() {
    char name[20];
    cout <<"\t 请输入要删除的联系人姓名：";
    cin >> name;
    if(addressBookManage.del(name)) {
        cout <<"\n\t *** 删除成功 *** \n"<< endl;
    } else{
        cout <<"\n\t 要删除的联系人不存在!"<< endl;
    }
}
void AppInterface::modify() {
    char name[20];
    char c;
    do {
        cout <<"\t 请输入要修改的联系人姓名：";
        cin >> name;
        string str = addressBookManage.find(name);
        if(str.empty()) {
            cout <<"\n\t 要修改的联系人不存在!"<< endl;
            return;
        }
        cout <<"\n\t----- 要修改的联系人信息 -----"<< endl;
        cout << str << endl;
        cout <<"\t------------------------------"<< endl;
```

```
        while(true) {
            cout <<"\t1. 修改电话 2. 修改住址 3. 修改电子邮箱 4. 退出修改\n"<< endl;
            cout <<"\t 请选择(1—4)要修改的信息: ";
            cin >> c;
            if(c == '4') break;
            cout <<"\t 请输入新的信息: ";
            char info[50];
            cin >> info;
            addressBookManage.modify(name,c,info);
            cout <<"\n\t *** 修改成功 *** \n"<< endl;
        }
        cout <<"\n\t 是否继续修改(Y/N): ";
        cin >> c;
    } while(c == 'Y' || c == 'y');
}

void AppInterface::list() {
    string str = addressBookManage.list();
    if(str.empty()) {                        //如果没有联系人
        cout <<"\t 联系人为空"<< endl;
        return;
    }
    cout <<"\n\t\t--------------------联系人列表--------------------\n"<<
endl;
    cout << str << endl;
}
void AppInterface::save() {
    addressBookManage.save();
}
```

4. 主程序

```
/******************** main.cpp 文件 ********************/
#include "AppInterface.h"
#include <iostream>
using namespace std;
int main(){
    int c;
    AppInterface appInterface;
    do {
        system("cls");                        //清屏
        cout <<"\t ================================= "<< endl;
        cout <<"\t★ ☆ 1.新增联系人 ☆ ★"<< endl;
        cout <<"\t★ ☆ 2.删除联系人 ☆ ★"<< endl;
        cout <<"\t★ ☆ 3.修改联系人 ☆ ★"<< endl;
        cout <<"\t★ ☆ 4.查询详细信息 ☆ ★"<< endl;
        cout <<"\t★ ☆ 5.列出全部信息 ☆ ★"<< endl;
        cout <<"\t★ ☆ 6.保存并退出 ☆ ★"<< endl;
        cout <<"\t ================================= "<< endl;
```

```
            cout <<"\t 请选择?(1-6): ";
            cin >> c;
            switch(c) {
                case 1: appInterface.add(); break;
                case 2: appInterface.del();break;
                case 3: appInterface.modify();break;
                case 4: appInterface.find(); break;
                case 5: appInterface.list(); break;
                case 6: appInterface.save(); break;
                default: break;
            }
            cout << endl <<"\t";
            if(c != 6) system("pause");          //暂停
        }while(c != 6);
    return 0;
}
```

运行结果部分截图如图 10-14～图 10-18 所示。

图 10-14　新增联系人

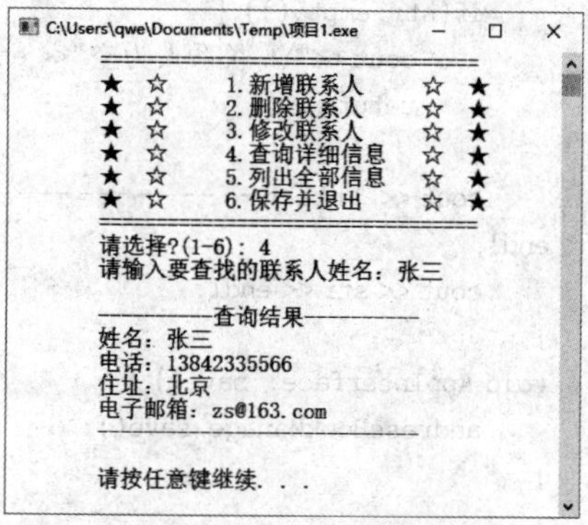

图 10-15　查询详细信息

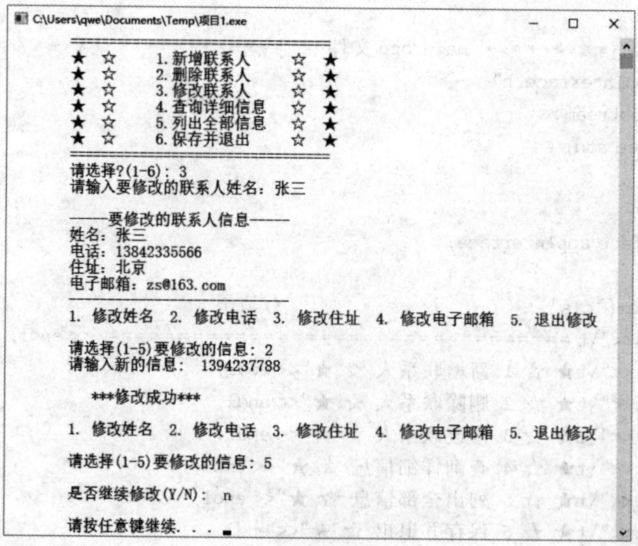

图 10-16　修改联系人

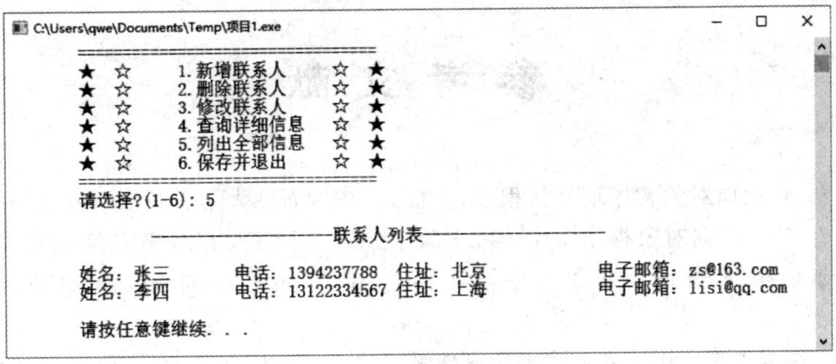

图 10-17　列出全部信息

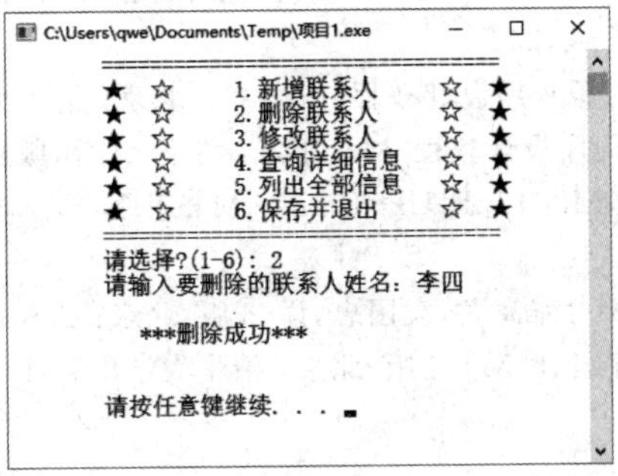

图 10-18　删除联系人

参考文献

[1] 李文超,赵新慧.面向对象程序设计教程[M].北京:中国石油大学出版社,2016.

[2] 杜茂康,谢青.C++ 面向对象程序设计[M].3 版.北京:中国工信出版集团,2017.

[3] 佛罗赞,吉尔伯格.C++ 面向对象程序设计[M].江红,余青松,余靖,译.北京:机械工业出版社,2020.

[4] 埃克尔.C++ 编程思想　第 1 卷:标准 C++ 导引[M].刘宗田,袁兆山,潘秋菱,等译.北京:机械工业出版社,2005.

[5] 德里特米·内斯特鲁克.C++ 20 设计模式:可复用的面向对象设计方法(原书第 2 版)[M].冯国强,译.北京:机械工业出版社,2022.

[6] 陈维兴,林小茶.C++面向对象程序设计教程[M].4 版.北京:清华大学出版社,2018.

[7] 马石安,魏文平.面向对象程序设计教程[M].北京:清华大学出版社,2018.

[8] LIPPMAN S B,LAJOIE J,MOO B E.C++ Primer[M].王刚,杨巨峰,译.5 版.北京:人民邮电出版社,2013.

[9] 普拉达.C++ Primer Plus[M].张海龙,袁国忠,译.6 版.北京:人民邮电出版社,2020.

[10] 龚晓庆.C++面向对象程序设计[M].2 版.北京:清华大学出版社,2017.